Mathematische Methoden in der Technik

Band 1: **Törnig/Gipser/Kaspar, Numerische Lösung von partiellen Differentialgleichungen der Technik**
183 Seiten. DM 36,–

Band 2: **Dutter, Geostatistik**
159 Seiten. DM 34,–

Band 3: **Spellucci/Törnig, Eigenwertberechnung in den Ingenieurwissenschaften**
196 Seiten. DM 36,–

Band 4: **Buchberger/Kutzler/Feilmeier/Kratz/Kulisch/Rump, Rechnerorientierte Verfahren**
281 Seiten. DM 48,–

Band 5: **Babovsky/Beth/Neunzert/Schulz-Reese, Mathematische Methoden in der Systemtheorie: Fourieranalysis**
173 Seiten. DM 36,–

Band 8: **Weiß, Stochastische Modelle für Anwender**
192 Seiten. DM 36,–

Band 9: **Antes, Anwendungen der Methode der Randelemente in der Elastodynamik und der Fluiddynamik**
196 Seiten. DM 36,–

Band 10: Vogt, **Methoden der Statistischen Qualitätskontrolle**
295 Seiten. DM 48,–

In Vorbereitung

Band 6: **Krüger/Scheiba, Mathematische Methoden in der Systemtheorie: Stochastische Prozesse**

Preisänderungen vorbehalten

 B. G. Teubner Stuttgart

Inverse und schlecht gestellte Probleme

Von Prof. Dr. rer. nat. Alfred Karl Louis
Technische Universität Berlin

Mit zahlreichen Abbildungen

 B. G. Teubner Stuttgart 1989

Prof. Dr. rer. nat. Alfred Karl Louis

Geboren 1949 in Elversberg/Saar. Von 1968 bis 1972 Studium der Mathematik und Physik an der Universität Saarbrücken, 1976 Promotion an der Universität Mainz, 1980/81 Assistant Professor an der State University of New York at Buffalo, 1982 Habilitation an der Universität Münster, von 1983 bis 1986 Professor an der Universität Kaiserslautern, seit 1986 Professor an der Technischen Universität Berlin.

CIP-Titelaufnahme der Deutschen Bibliothek

Louis, Alfred K.:
Inverse und schlecht gestellte Probleme / von Alfred Karl Louis. — Stuttgart : Teubner, 1989
 (Teubner-Studienbücher : Mathematik)

Das Werk einschließlich aller seiner Teile ist urheberrechtlich geschützt. Jede Verwendung außerhalb der engen Grenzen des Urheberrechtsgesetzes ist ohne Zustimmung des Verlages unzulässig und strafbar. Das gilt besonders für Vervielfältigungen, Übersetzungen, Mikroverfilmungen und die Einspeicherung und Verarbeitung in elektronischen Systemen.
© B. G. Teubner Stuttgart 1989

Umschlaggestaltung: M. Koch, Reutlingen
ISBN-13: 978-3-519-02084-4   e-ISBN-13: 978-3-322-84808-6
DOI: 10.1007/978-3-322-84808-6

Vorwort

Inverse Probleme treten bei der Bestimmung der ein System beschreibenden Parameter aus Beobachtungen des Systems auf. Ein Beispiel hierfür ist die Identifizierung einer " Black Box " aus Input und Output. Ist der Input die Intensität eines Röntgenstrahles und der Output die Intensität des Strahles nach Durchlaufen eines Körpers, so kann man aus vielen Strahlen, etwa einer halben Million, in der Computer – Tomographie die Dichte des durchlaufenen Körpergewebes berechnen. Von der physikalischen Annahme hängt das mathematische Modell, also die zu behandelnde Gleichung, ab. All diesen inversen Problemen gemein ist, daß die Daten wegen der unvermeidbaren Meßfehler nie exakt gegeben sind. Leider auch gemein ist diesen Problemen, daß die Datenfehler in der Lösung verstärkt werden. Die von Hadamard eingeführte Bezeichnung " schlecht gestellte Probleme " ist irreführend, die mathematische Beschreibung eines realen inversen Problems spiegelt natürlich auch die praktisch vorhandene Instabilität wider.

Die reizvolle Aufgabe ist nun, eine Näherungslösung, möglicherweise unter Zuhilfenahme zusätzlicher Information, so zu bestimmen, daß die Datenfehler sich nicht über ein unvermeidbares Maß hinaus verstärken. Das Titelbild zeigt eine glatte Kurve, welche die exakte Lösung eines ungestörten schlecht gestellten Problems darstellt. Die wild oszillierende Funktion ergibt sich bei (fast) " naiver " Lösung ohne Berücksichtigung der Schlechtgestelltheit. Abbildung 5.1.1 zeigt die wirklich " naive " Lösung, die keine erkennbare Darstellung der anderen Funktionen bei gleichem Maßstab gestattet. Das Ziel des vorliegenden Buches ist, den Leser in die Lage zu versetzen, die dritte der gezeigten Kurven bei gestörten Daten als " Lösung " zu berechnen.

Grundlage für das vorliegende Buch sind Vorlesungen an der Universität Kaiserslautern und der Technischen Universität Berlin, die sich an Hörer mittlerer Semester der Mathematik, Physik und Ingenieurwissenschaften richteten. Wir beschränken uns hier auf lineare Probleme, weil eine entsprechend weitgehende Theorie für nichtlineare Probleme zur Zeit noch nicht existiert, im Literaturverzeichnis ist allerdings auf einige Arbeiten hingewiesen. Über Vordiplomkenntnisse hinausgehende mathematische Hilfsmittel werden bereitgestellt. Somit ist das Buch sowohl als Lektüre zu einer entsprechenden Vorlesung als auch zum Selbststudium geeignet. Es stellt eine Basis für weitergehende Untersuchungen inverser Probleme dar.

In der Einleitung werden inverse Probleme charakterisiert und typische Schwierigkeiten bei der Lösung solcher Aufgabenstellungen an einfachen Beispielen aufgezeigt. Um die praktische Relevanz zu verdeutlichen, schließen sich Anwendungsbeispiele aus Medizin und Technik an.

Im zweiten Kapitel werden wichtige mathematische Hilfsmittel bereitgestellt. Insbesondere wird die Spektralzerlegung kompakter Operatoren diskutiert, an Beispielen erläutert, und dann werden Hilberträume und Normen eingeführt, die es gestatten, die sich anschließenden Verfahren zu vergleichen.

Schlecht gestellte Probleme haben nur selten eine Lösung im klassischen Sinn, deshalb wird im dritten Kapitel der Lösungsbegriff zunächst verallgemeinert. Mit Hilfe der singulären Werte wird die Schlechtgestelltheit klassifiziert. Dabei gehen sowohl Zusatzinformation über die Regularität der Lösung, als auch Datenfehler ein. Die Lösung wird dann stabilisiert, indem der Einfluß der Datenfehler durch Filer reduziert wird. Hat man sich für die Art des Filters entschieden, dann ist ein dabei auftretender Parameter, der Regularisierungsparameter, noch geeignet zu wählen. Schließlich wird auf die Möglichkeit hingewiesen, durch Änderung des Problems eine Stabilisierung zu erreichen, allerdings braucht man dabei die Information vom Anwender, was mit der Lösung anschließend geschehen soll.

Im vierten Kapitel werden die wichtigsten Regularisierungsverfahren vorgestellt. Es handelt sich um Bandpaß - Filter, bei denen der störende Anteil in der Lösung völlig eliminiert wird. Die Tikhonov - Phillips Regularisierung wird als Stabilisierung der Normalgleichung interpretiert. Iterationsverfahren regularisieren, wenn man bei fehlerhaften Daten das Verfahren zu einem geeigneten Zeitpunkt abbricht. Stochastische Verfahren werden beschrieben und ihre Verwandtschaft zur Tikhonov - Phillips Regularisierung aufgezeigt. Schließlich kann man durch Projektionsverfahren regularisieren, wenn man die Schrittweite in Abhängigkeit vom Datenfehler hinreichend groß wählt. Alle diese Verfahren werden auch als Filter im obigen Sinne diskutiert und auf Optimalitätseigenschaften untersucht. Ihnen gemein ist eine Erkenntnis, die den bisherigen Erfahrungen in der Numerik widerspricht : liegen fehlerhafte Daten vor, so darf man nicht zu lange iterieren, sonst werden die Ergebnisse immer schlechter. Auch können zu kleine Schrittweiten bei Diskretisierungsverfahren zu völlig unbrauchbaren Ergebnissen führen.

Bei der numerischen Realisierung der Verfahren muß man endlichdimensionale Versionen der Verfahren benutzen. Diese werden in Kapitel 5 beschrieben und an mehreren Beispielen erläutert.

Schließlich enthält das letzte Kapitel ein zu Anfang beschriebenes Problem aus der Medizintechnik, nämlich die Röntgen - Computer - Tomographie. Das mathematische Modell, die Radon - Transformation, wird untersucht, eine Singulärwertzerlegung hergeleitet, um die Schlechtgestelltheit zu diskutieren, und numerische Rekonstruktionsverfahren werden angegeben.

Meinen Mitarbeitern, den Herren B. Eicke, N. Gorenflo, J. Kremer, Dr. P. Maaß , R. Plato und A. Rieder danke ich für die Unterstützung und die Durchsicht des Manuskriptes. Schließlich gebührt mein Dank Frau G. Dettling - Wilke für das Schreiben des Textes.

Berlin, im Februar 1989　　　　　　　　　　　　　　　　　　　　　　　　　　　　A.K. Louis

Inhalt

1 Inverse Probleme 7

1.1 Inverse Problem und Regularisierung 7
1.2 Anwendungsbeispiele 14
   1.2.1 Computer – Tomographie 14
   1.2.2 Stereologie 17
   1.2.3 Laufzeitanalyse in der Seismik 18
   1.2.4 Ein inverses Streuproblem 19
1.3 Bemerkungen und Literaturhinweise 21

2 Mathematische Hilfsmittel 22

2.1 Spektraldarstellung kompakter Operatoren 22
2.2 Operatorsumme und Ungleichungen 29
2.3 Normen 35
2.4 Fourier – Transformation und Sobolev – Räume 38
2.5 Bemerkungen und Literaturhinweise 44

3 Stabilisierung schlecht gestellter Probleme 45

3.1 Verallgemeinerte Inverse 45
3.2 Klassifizierung schlecht gestellter Probleme 49
3.3 Regularisierung schlecht gestellter Probleme 54
3.4 Optimale Regularisierungsverfahren 57
3.5 Wahl des Regularisierungsparameters 68
3.6 Stabilisierung durch Änderung des Problems 75
3.7 Bemerkungen und Literaturhinweise 77

4 Regularisierungsverfahren 78

4.1 Bandpaß– Filter und abgeschnittene Singulärwertzerlegung 78
4.2 Tikhonov – Phillips Regularisierung 87
4.3 Iterationsverfahren 103
   4.3.1 Lineare Iterationsverfahren 103
   4.3.2 Landweber – Iteration 107
   4.3.3 Das Verfahren der konjugierten Gradienten 112

4.4 Stochastische Methoden 128
   4.4.1 Zufallsvariablen 128
   4.4.2 Bester Linearer Schätzer 130
   4.4.3 Bayes – Schätzung 134
4.5 Projektionsverfahren 135
4.6 Bemerkungen und Literaturhinweise 144

5 Numerische Realisierung 146

5.1 Lösbarkeit linearer Gleichungssysteme 146
5.2 Singulärwertzerlegung 153
5.3 Tikhonov – Phillips Regularisierung 157
5.4 Iterationsverfahren 161
5.4 Bemerkungen und Literaturhinweise 164

6 Computer – Tomographie 165

6.1 Die Radon – Transformation 165
6.2 Die Schlechtgestelltheit der Radon – Transformation 175
6.3 Rekonstruktionsalgorithmen 184
6.4 Bemerkungen und Literaturhinweise 195

Literatur 197

Sachverzeichnis 204

1 Inverse Probleme

In diesem Kapitel werden wir eine Beschreibung inverser Probleme geben. Prinzipielle Schwierigkeiten bei der Lösung solcher Aufgabenstellungen werden an einem einfachen Beispiel demonstriert. Schließlich wird die Relevanz der Fragestellung an mehreren Beispielen aus den Anwendungen demonstriert.

1.1 Inverse Probleme und Regularisierung

Ist die d i r e k t e Messung der Eigenschaften eines Objektes nicht möglich, sondern muß man von i n d i r e k t e n Beobachtungen auf diese Größe zurückschließen, diese identifizieren, so sprechen wir von einem i n v e r s e n P r o b l e m oder auch von einem I d e n t i f i z i e r u n g s p r o b l e m . Ein Beispiel hierfür ist die nicht – invasive Untersuchung eines Patienten. Aus der Veränderung der Intensität von Röntgenstrahlen wird die Gewebedichte in dem von den Röntgenstrahlen durchlaufenen Gebiet berechnet, und so ein Bild von einem Schnitt durch den Patienten, ein Computer – Tomogramm, erzeugt. Ein Verfahren, das auf ähnliche mathematische Probleme führt, wird in der Geophysik angewandt. Als Ausgangssignal dienen Erdbebenwellen oder künstlich erzeugte seismische Wellen. Aus Laufzeitmessungen kann man Formationen im Erdinnern bestimmen. Basierend auf solchen Messungen wurde entdeckt, daß der innere flüssige Erdkern keine Kugel ist, sondern ausgeprägte Auswölbungen und Vertiefungen zeigt.

An einer mathematisch formulierten Aufgabe soll die Problemstellung verdeutlicht werden. Ist die Differentialgleichung

$$(\Delta + f)u = g$$

mit Koeffizient f und Inhomogenität g sowie geeigneten Randbedingungen gegeben, so wird die Bestimmung der Lösung u als direktes Problem bezeichnet. Beschreibt nun f die Gewebedichte im Innern eines Patienten, und ist u die Welle, die sich aus einer eingestrahlten Welle und aus der am Potential f gestreuten Welle zusammensetzt, so kennen wir g, und wir können u messen, allerdings nur außerhalb des Patienten, also außerhalb des Trägers von f. Da also aus indirekten Beobachtungen der die gesuchte Materialeigenschaft beschreibende Koeffizient f bestimmt werden muß , nennen wir das Problem invers.

Ist die Dichte f eines Stoffes bekannt, dann ist die Berechnung von Linienintegralen von f das zwar wenig interessante, aber direkte Problem. Im Gegensatz dazu steht die

Berechnung von f aus Linienintegralen. Diese später in Abschnitt 1.2 und Kapitel 6 diskutiere Fragestellung wird als invers betrachtet.

Bezeichnen wir die zu bestimmende Größe f als Parameter, man spricht auch von Parameteridentifizierung, so können wir die Problemstellung folgendermaßen beschreiben. Gegeben ist als m a t h e m a t i s c h e s   M o d e l l eine Abbildung A von der Menge X der   P a r a m e t e r   in die Menge Y der   R e s u l t a t e , also

$$A : X \to Y.$$

Der Unterschied zwischen direktem und inversem Problem läßt sich nun wie folgt beschreiben. Die Lösung des direkten Problems ist die präzise mathematische Beschreibung des mathematischen Modelles A. Im Gegensatz dazu besteht die Lösung des inversen Problems in der Interpretation der Daten $g \in Y$, also in der Konstruktion des Urbildes.

Die Lösung des zweiten Problems ist sehr   e i n f a c h , wenn gilt

A ist eine Bijektion,

A^{-1} *ist stetig bezüglich geeigneter Topologien in X und Y.*

Die erste Bedingung garantiert, daß das Problem

$$Af = g$$

für alle $g \in Y$ eindeutig lösbar ist. Die zweite Bedingung liefert die Stabilität des Problems in dem Sinne, daß kleine Änderungen in den Daten g nur zu kleinen Änderungen in der Lösung f führen.

Diese angenehmen und wünschenswerten Eigenschaften haben zu folgender Begriffsbildung geführt, die von Hadamard stammt.

Definition 1.1.1. *Sei $A : X \to Y$ mit topologischen Räumen X, Y. Das Problem (A, X, Y) heißt*   g u t   g e s t e l l t , *wenn*
i) $Af = g$ für jedes $g \in Y$ eine Lösung hat,
ii) diese Lösung eindeutig ist,
iii) die Lösung stetig von den Daten abhängt.

Ist eine der Bedingungen nicht erfüllt, so nennen wir das Problem   s c h l e c h t   g e s t e l l t .

Kennzeichnend für inverse Probleme ist, wie wir sehen werden, daß sie im obigen Sinn schlecht gestellt sind.

Zur Verdeutlichung der Schwierigkeiten dient folgendes einfache Problem. Nehmen wir an, aus einem Eingangssignal I macht eine " Black Box " ein Ausgangssignal g. Zur Identifizierung dieser Black Box wird angenommen, daß sie linear und kausal ist. Dann erhalten wir als mathematisches Modell die Gleichung

$$Af(x) = \int_0^x I(x-t)\,f(t)\,dt = g(x),$$

die Funktion f " beschreibt " also die Black Box. Zur Vereinfachung des Beispiels wird der Input konstant gleich 1 gewählt, das mathematische Modell ergibt sich zu

$$Af(x) = \int_0^x f(t)\,dt = g(x).$$

Suchen wir stetige Lösungen dieser Gleichung erster Art $Af = g$, so ergeben sich die Bedingungen

g sei stetig differenzierbar,

$g(0) = 0$,

und die Lösung ist
$$f = g'.$$

Es treten nun zwei Probleme auf. Ändern wir die Daten nur ein wenig, etwa $g(0) = \varepsilon \neq 0$, so ist das Problem nicht mehr lösbar. Eine weitere Schwierigkeit tritt auf, wenn nur Näherungswerte für die Daten vorliegen. Sei der Einfachheit halber g gestört zu

$$g^\varepsilon(x) = g(x) + \varepsilon \sin nx.$$

Dann ist auch g^ε stetig differenzierbar und $g^\varepsilon(0) = 0$. Der Fehler in der Maximumnorm ist
$$\|g^\varepsilon - g\| \leq \varepsilon.$$

Als Ergebnis erhalten wir aber

$$f^\varepsilon(x) = f(x) + n\varepsilon \cos nx,$$

also abhängig von n kann der Fehler im Ergebnis

$$\|f^\varepsilon - f\| = n\varepsilon$$

beliebig groß werden. Es handelt sich aber trotzdem noch um einen praktisch nicht auftretenden Idealfall. Ist nämlich der Fehler durch Messungen verursacht, können wir nicht annehmen, daß dieser Fehler stetig differenzierbar mit Startwert 0 ist. Für praktische Anwendungen muß also der Raum der möglichen Resultate Y hinreichend groß gewählt werden. Ist $Y = L_2$, dann können wir unser Problem als Abbildung

$$A: L_2 \to L_2$$

untersuchen. Im Beispiel 2.1.5 werden wir sehen, daß A nicht stetig invertierbar ist, das Problem (A, L_2, L_2) ist also schlecht gestellt.

Außerdem existiert nicht für jedes $g \in Y$ eine Lösung, der Wertebereich

$$\mathcal{R}(A) = \{g \in Y : \text{ es existiert } f \in X \text{ mit } Af = g\}$$

kann sehr klein sein. Um für eine größere Menge von Elementen in Y einen Lösungsbegriff zu definieren, betrachten wir statt der Gleichung

$$Af = g$$

das Problem, den Abstand

$$\|Af - g\|$$

zu minimieren. Wir nehmen im folgenden an, daß X und Y Hilberträume sind, und daß A linear ist. Wenn $g \in \mathcal{R}(A)$ ist, dann ist der Abstand 0, ist g senkrecht zum $\mathcal{R}(A)$, also $g \in \mathcal{R}(A)^\perp$, so ist ebenfalls eine Minimierung möglich. Ist A nicht injektiv, dann gibt es unendlich viele Elemente, die den Abstand minimieren. Unter all diesen Elementen wählen wir dasjenige, das selbst kleinste Norm hat. Dieses nun eindeutig bestimmte $f^\dagger$ in X nennen wir die   v e r a l l g e m e i n e r t e   L ö s u n g , die Abbildung

$$A^\dagger : \mathcal{R}(A) \oplus \mathcal{R}(A)^\perp \to X$$

mit $A^\dagger g = f^\dagger$ nennen wir   v e r a l l g e m e i n e r t e   I n v e r s e . Darauf werden wir in Abschnitt 3.1 näher eingehen.

Wir haben nun eine Lösung des Problems für eine größere Menge von Inhomogenitäten definiert, aber in den uns praktisch interessierenden Fällen ist die verallgemeinerte Inverse nicht stetig. Kleine Fehler in den Daten können immer noch zu großen Fehlern im Resultat führen.

Einen Ersatz für die Stetigkeit verschaffen wir uns durch   R e g u l a r i s i e r u n g e n von $A^\dagger$. Das sind Familien von Abbildungen $T_\gamma : Y \to X$, die punktweise auf dem Definitionsbereich von $A^\dagger$ gegen $A^\dagger$ konvergieren, es soll also gelten

$$\lim_{\gamma \to 0} T_\gamma g = A^\dagger g \text{ für } g \in \mathcal{D}(A^\dagger),$$

siehe Definition 3.3.1. Stehen nur gestörte Daten g^ε zur Verfügung, dann berechnen wir als " Näherungslösung "

$$f_\gamma^\varepsilon = T_\gamma g^\varepsilon$$

und erhalten so einen Fehler, der sich aus zwei Anteilen zusammensetzt. Im Falle linearer T_γ gilt

$$f_\gamma^\varepsilon - f = T_\gamma(g^\varepsilon - g) + (T_\gamma - A^\dagger)g.$$

Den ersten Teil, $T_\gamma(g^\epsilon - g)$, nennen wir D a t e n f e h l e r , den zweiten Teil, $(T_\gamma - A^\dagger)g$, nennen wir R e g u l a r i s i e r u n g s f e h l e r .

Um das unterschiedliche Verhalten dieser beiden Terme zu studieren, betrachten wir wieder die Gleichung

$$Af(x) = \int_0^x f(t)\, dt = g(x).$$

Wegen $f = g'$ können wir den zentralen Differenzenquotienten

$$D_h g(x) = \frac{g(x+h) - g(x-h)}{2h}, \ h > 0$$

als Näherungsformel für die Lösung f verwenden. Ist g dreimal stetig differenzierbar, so ergibt sich aus

$$g(x \pm h) = g(x) \pm h g'(x) + \frac{1}{2} h^2 g''(x) \pm \frac{h^3}{6} g'''(\xi_\pm)$$

die Fehlerabschätzung

$$|g'(x) - D_h g(x)| \leq \frac{h^2}{6} \max_{\xi \in [x-h, x+h]} |g'''(\xi)|.$$

Wegen $f = g'$ liefert das den Regularisierungsfehler

$$|f(x) - D_h g(x)| \leq \frac{h^2}{6} \|f''\|_\infty.$$

Wir müssen h also immer kleiner wählen, damit dieser Anteil klein wird.

Stehen aber nur gestörte Daten g^ϵ zur Verfügung, dann ist der Datenfehler

$$D_h(g^\epsilon - g)(x) = \frac{(g^\epsilon - g)(x+h) - (g^\epsilon - g)(x-h)}{2h}.$$

Wie oben begründet, können wir nicht annehmen, daß $g^\epsilon - g$ differenzierbar ist. Wissen wir nur, daß

$$\|g^\epsilon - g\|_\infty \leq \epsilon$$

gilt, dann sehen wir sofort

$$|D_h(g^\epsilon - g)(x)| \leq \frac{\epsilon}{h}.$$

Um den Datenfehler klein zu halten, müssen wir also h groß wählen.

Betrachten wir die Abschätzung des G e s a m t f e h l e r s , so erkennen wir das Dilemma, daß

$$|D_h g^\epsilon(x) - f(x)| \leq \frac{h^2}{6} \|f''\|_\infty + \frac{\epsilon}{h}.$$

Bei gestörten Daten ($\varepsilon \neq 0$) kann der Gesamtfehler also nicht beliebig klein werden. Es ergibt sich folgendes Bild, das kennzeichnend für alle inversen und schlecht gestellten Probleme ist.

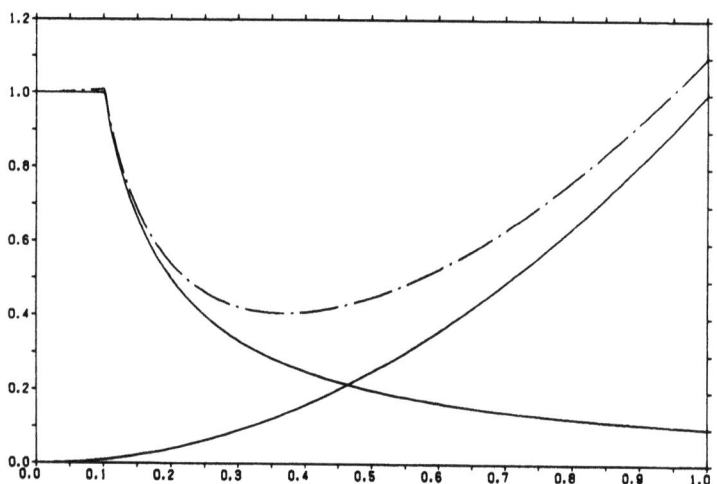

Abbildung 1.1. Regularisierungsfehler (monoton steigend) und Diskretisierungsfehler (monoton fallend, abgeschnitten bei 0.1) und Gesamtfehler.

Es ist nur möglich, den Gesamtfehler bezüglich h zu minimieren. Das liefert die optimale Schrittweite

$$h_{opt} = (\frac{3\varepsilon}{\|f''\|_\infty})^{1/3}$$

und den Gesamtfehler der Ordnung

$$\mathcal{O}(\varepsilon^{2/3}).$$

Es geht also ein Drittel der Genauigkeit der Daten im Ergebnis verloren. Eine weitere Schwierigkeit bei der Wahl des optimalen Parameters ist offensichtlich : diese Schrittweite hängt nicht nur vom Datenfehler sondern auch von der exakten Lösung ab !

Sei Standardbeispiele schlecht gestellter Probleme liefern Integralgleichungen erster Art.

$$Af(x) = \int_{J_2} k(x,y)f(y)dy = g(x), x \in J_1.$$

Ist J_2 unabhängig von x, so liegt eine Fredholmsche Integralgleichung vor, andernfalls eine Volterrasche Integralgleichung. Sind J_1 und J_2 beschränkt, und ist $k \in C(J_1 \times J_2)$, so ist
$$A : C(J_2) \to C(J_1) \text{ kompakt}$$
nach dem Satz von Arzela-Ascoli. Für $k \in L_2(J_1 \times J_2)$ ist ebenfalls
$$A : L_2(J_2) \to L_2(J_1) \text{ kompakt.}$$
Ist der Wertebereich von A nicht endlichdimensional, so ist $A^\dagger$ nicht beschränkt. Hingegen gilt für Gleichungen 2.Art, also $(I - A, X, X)$ mit der Identität I und mit $1 \notin \sigma(A)$, daß diese Probleme gut gestellt sind.

Schlecht gestellte Probleme treten aber auch im Zusammenhang mit Differentialgleichungen auf.

Sei $\Omega \subset \mathbb{R}^2$ offen und
$$\Delta u = 0 \text{ in } \Omega .$$

1. Schreibt man Randbedingungen vor, etwa gelte für stetiges g die Dirichlet – Randbedingung
$$u = g \text{ auf dem Rand von } \Omega,$$
so folgt, daß das Problem eine eindeutige Lösung hat, und aus dem Maximumprinzip folgt die stetige Abhängigkeit der Lösung von den Daten.

2. Folgendes Beispiel von Hadamard zeigt, daß bei anderen Bedingungen das Problem schlecht gestellt sein kann. Betrachten wir das Cauchy – Problem :
$$u(x, 0) = 0,$$
$$\frac{\partial u}{\partial y}(x, 0) = g_n(x) := n^{-1} \sin nx,$$
so gilt natürlich
$$\|g_n\| \to 0 \text{ für } n \to \infty.$$
Die Lösung aber ist
$$u_n(x, y) = n^{-2} \sin nx \sinh ny,$$
also
$$|u_n(x, y)| \to \infty \text{ für } n \to \infty \text{ und } y > 0.$$
Somit kann der Lösungsoperator nicht stetig sein.

Bei der Behandlung inverser Probleme müssen wir also die hier aufgezeigten Schwierigkeiten berücksichtigen. Der Informationsgehalt der Lösung hängt entscheidend vom mathematischen Modell und den darin berücksichtigten Einflüssen ab.

Theoretische Untersuchungen der Instabilitäten liefern Ansätze zur praktischen Behandlung der Probleme. Schließlich ist das Ziel, das o p t i m a l e   D e s i g n zu finden, also die Experimente so zu konzipieren, daß wir mit minimalem Aufwand so viel Information wie möglich gewinnen können. Das wird insbesondere bei den folgenden Anwendungsbeispielen deutlich.

1.2 Anwendungsbeispiele

Um nachzuweisen, daß wir hier nicht rein akademische Probleme behandeln, sollen im folgenden einige Beispiele aus der Praxis diskutiert werden.

1.2.1 Computer - Tomographie

Die Computer – Tomographie ist eine Technik, die in der diagnostischen Medizin eingesetzt wird, um nicht – invasiv Informationen über die Morphologie des Patienten zu erhalten.

Es soll im folgenden die mathematische Modellbildung beschrieben werden.

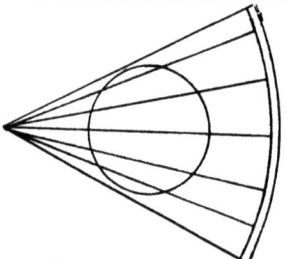

Abbildung 1.2.1. Aufbau eines Scanners mit Röntgen – Röhre (links) und Detektoren (rechts).

Die Anzahl der zur Zeit in den kommerziellen Scannern benutzten Detektoren ist etwa 700 und an 720 - 1400 Positionen von Röhre und Detektoren wird gemessen, es stehen also etwa eine halbe Million Daten pro Ebene zur Verfügung. Gesucht ist der A b s o r p t i o n s k o e f f i z i e n t $f(x)$ in der Ebene. Dieser Absorptionskoeffizient entspricht der Gewebedichte. Das Ergebnis wird auf einem Bildschirm dargestellt, der über 512×512 P i x e l s   (= picture elements) verfügt.

Eine diskrete Behandlung des Problems führt auf ein lineares Gleichungssystem der Größe etwa 500000×262144, ist also viel zu groß , um direkt gelöst zu werden.

Es soll nun ein kontinuierliches Modell besprochen werden. Wir betrachten die "p a r -
a l l e l e   G e o m e t r i e ".

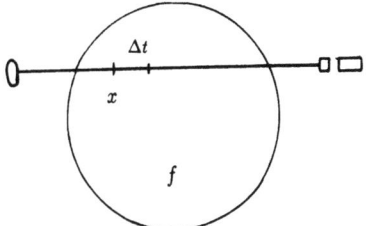

Abbildung 1.2.2. Parallele Geometrie

Für unser mathematisches Modell treffen wir jetzt folgende   p h y s i k a l i s c h e
A n n a h m e   : *Die Intensitätsabnahme $-\Delta I$ in x ist proportional der Intensität I, der Dichte f in x und der Weglänge Δt.*

Wir benutzen folgende geometrische Beschreibung des Strahlenweges.

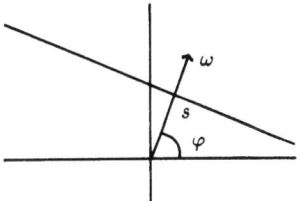

Abbildung 1.2.3. Parametrisierung der Strahlen

Damit ergibt sich die physikalische Annahme zu
$$\Delta I(s\omega + t\omega^\perp) = -I(s\omega + t\omega^\perp)f(s\omega + t\omega^\perp)\Delta t.$$
Mit $\Delta t \to 0$ erhalten wir die zweiparametrige Schar gewöhnlicher Differentialgleichungen
$$\frac{\frac{d}{dt}I(s\omega + t\omega^\perp)}{I(s\omega + t\omega^\perp)} = -f(s\omega + t\omega^\perp)$$
mit der Lösung
$$\frac{I_L(s,\omega)}{I_0(s,\omega)} = \exp\left(-\int_\mathbb{R} f(s\omega + t\omega^\perp)\, dt\right)$$
wobei I_0 bzw. I_L die Ausgangs - bzw. gemessene Intensität des Strahles $L = L(s\omega + t\omega^\perp)$ ist. Wir erhalten somit die Integralgleichung 1. Art
$$\int_\mathbb{R} f(s\omega + t\omega^\perp)dt = -\ln\frac{I_L}{I_0}(s,\omega).$$

Dies ist die Radonsche Integralgleichung und mit R,

$$Rf(s,\omega) = \int_{R} f(s\omega + t\omega^{\perp})dt,$$

bezeichnen wir die R a d o n — T r a n s f o r m a t i o n .

Wir zeigen in Kapitel 6, daß (R, L_2, L_2) ein schlecht gestelltes Problem ist. Störungen in den Daten entstehen durch Photonenrauschen, beam hardening, partial volume Effekt, diskrete Messung usw.

Magnetische Resonanz (M R I), früher Kernspintomographie (KST bzw. NMR) genannt, führt auf die 2- bzw. 3-dimensionale Radon - Transformation. Im $I\!\!R^n$ definieren wir sie durch

$$Rf(s,\omega) = \int_{I\!\!R^n} f(x)\delta(s - x\omega)dx.$$

In der E m i s s i o n s t o m o g r a p h i e tritt die " gedämpfte " Radon Transformation auf. Ist f die gesuchte Verteilung der Radionukleide und μ der Dämpfungskoeffizient, so mißt man im $I\!\!R^2$

$$R_\mu f(\omega, s) = \int_{R} f(s\omega + t\omega^{\perp}) \exp(-\int_{t}^{\infty} \mu(s\omega + \tau\omega^{\perp})d\tau)dt.$$

Unbekannt sind sowohl f als auch μ.

Die jeweils auftretenden Integraltransformationen sind von L_2 nach L_2 nicht stetig invertierbar, es handelt sich also um schlecht gestellte Probleme.

1.2.2 Stereologie

Eine Menge Kugeln mit Verteilung f der Radien sei zufällig verteilt in einem Volumen. Bei einem Schnitt durch das Volumen beobachtet man Kreisscheiben. Aus der Verteilung g der Kreisradien für viele Schnitte ist die Verteilung f der Kugelradien zu bestimmen.

Wenn eine Ebene mit Abstand h vom Mittelpunkt durch eine Kugel mit Radius R geht, dann ist ein Kreis zu sehen mit Radius

$$r = (R^2 - h^2)^{1/2}.$$

Sind viele Ebenen zufällig in h verteilt, dann ist die Verteilung der Kreisradien proportional zu

$$\left|\frac{dh}{dr}\right| = \frac{r}{h} = \frac{r}{\sqrt{R^2 - r^2}}.$$

Ist also $f(R)$ die Volumendichte der Kugeln vom Radius R und $g(r)$ die Oberflächendichte der Kreise vom Radius r, so entsteht die Beziehung

$$\begin{aligned}g(r) &= \int_r^\infty \frac{1}{R}\left|\frac{dh(R,r)}{dr}\right| f(R) dR \\ &= r \int_r^\infty \frac{f(R)}{R\sqrt{R^2 - r^2}} dR.\end{aligned}$$

Dies ist eine Abelsche Integralgleichung erster Art.

1.2.3 Laufzeitanalyse in der Seismik

Zur Bestimmung des unterirdischen Geschwindigkeitsfeldes in einer Ebene aus seismischen Beugungslaufzeiten nehmen wir an, daß das Inverse der Geschwindigkeit, n, sich zusammensetzt aus

$$n(x,y) = \frac{1}{ay+b} + \delta n_1(x,y)$$

mit $a, b > 0$ und $\delta \ll 1$. Bringt man Quellen in $X_s = (x_s, 0)$, Empfänger in $X_r = (x_r, 0)$ an, so stellt man eine Veränderung der Laufzeit $\Delta t(x_s, x_r)$ aufgrund von δn_1 fest mit

$$\Delta t(x_s, x_r) = \delta \int_{Weg} n_1 ds + \mathcal{O}(\delta^2).$$

Dabei handelt es sich um den Weg für das Feld $n_0(x,y) = (ay+b)^{-1}$. Die hierdurch gebeugten Strahlen bilden Kreise und haben die Form

$$(x - x_c)r + (y - y_c)^2 = r^2$$

mit

$$x_c = \frac{x_r + x_s}{2}, y_c = -\frac{b}{a},$$

$$r = (\frac{1}{4}(x_s - x_r)r + (\frac{b}{a})^2)^{1/2}.$$

Die Daten sind die Bilder der Integraltransformation

$$Af(\xi, r) = \int_{S^{N-1}} f((\xi, 0) + r\omega) d\omega, \xi \in \mathbb{R}^{N-2}$$

für den Spezialfall $N = 2$.

1.2.4 Ein inverses Streuproblem

In der Ultraschalltomographie, in der Seismik oder bei zerstörungsfreien Prüfverfahren mit Schall – oder elektromagnetischen Wellen wird das zu untersuchende Objekt mit Wellen bestrahlt, und aus den gestreuten Wellen soll auf Materialeigenschaften geschlossen werden.

Werden Wellen der Form
$$U^I(t,x) = e^{\imath k t}u(x)$$
eingestrahlt, so liefert die zeitharmonische Wellengleichung, die H e l m h o l t z - G l e i c h u n g   das mathematische Modell
$$Lu = (\Delta + k^2 n^2)u = 0$$
mit dem akustischen Profil $n = n(x)$. Dies ist eine homogene Differentialgleichung mit variablem Koeffizienten. Um eine einfache Lösungsmethode zu erhalten, approximieren wir sie durch eine inhomogene Differentialgleichung mit konstanten Koeffizienten. Dazu zerlegen wir u in
$$u = u^I + u^S,$$
wobei u^I die einfallende und u^S die gestreute Welle bezeichnet. Es soll u^I der Differentialgleichung
$$L_0 u^I = (\Delta + k^2)u^I = 0$$
genügen. Eine Möglichkeit ist, u^I als   e b e n e   W e l l e   der Form
$$u^I(x) = e^{\imath k <\omega,x>}, \ \omega \in S^{N-1}$$
zu wählen. Es bezeichnet S^{N-1} wieder die Menge der Einheitsvektoren im $\mathbb{R}^N$. Die Funktion u^I ist konstant auf den Hyperebenen senkrecht zu der Richtung ω. Mit der neuen unbekannten Funktion
$$f = 1 - n^2$$
wird die ursprüngliche Differentialgleichung zerlegt in
$$Lu = L_0 u - k^2 fu,$$
und mit der Zerlegung von u ergibt sich
$$L_0 u^S = k^2 f(u^I + u^S).$$
Die Funktionen u^I und u^S sind nur außerhalb des Trägers von f bekannt, deshalb ist eine einfache Berechnung von f nicht möglich.

Bei der   B o r n — R y t o v — A p p r o x i m a t i o n   nehmen wir an, daß
$$u^S \ll u^I$$

ist, die obige Gleichung wird approximiert durch

$$L_0 u^S = k^2 f u^I,$$

wobei der Koeffizient f zu bestimmen ist.

Die Fundamentallösung des Differentialopertors L_0 ist die Funktion G, für die $L_0 G = \delta$ gilt. Sie ist im $I\!\!R^3$ gegeben durch

$$G(x) = -\frac{1}{4\pi} \frac{e^{\imath k |x|}}{|x|}.$$

Es entsteht so die Gleichung

$$u^S(x) = \frac{-k^2}{4\pi} \int_\Omega f(y) u^I(y) \frac{e^{\imath k |x-y|}}{|x-y|}\, dy\,, \quad |x| = R,$$

und der Träger von f liegt in einer Kugel mit Radius kleiner als R.

Also auch hier tritt als mathematisches Modell eine Integralgleichung erster Art auf. Da das Ausgangsproblem nichtlinear ist, liefert diese Approximation nur eine Näherung mit der Einfachstreuung zu behandeln ist. Für den Fall der Mehrfachstreuung werden höhere Born – Rytov Approximationen benötigt, oder es müssen andere Näherungsformeln benutzt werden.

1.3 Bemerkungen und Literaturhinweise

Ein ausführlicher Vergleich direkter und inverser Probleme ist in P.C. Sabatiers Einführung der Zeitschrift " Inverse Problems " enthalten. Da keine präzise Definition der beiden Begriffe existiert, ist die Unterteilung bis zu einem gewissen Maße willkürlich. Die zu Beginn des Abschnittes 1.1 geführte Diskussion liegen praktische Überlegungen über direkt meßbare Größen und nur indirekt berechenbare Informationen zugrunde. Auch ist der Zusammenhang mit den schlecht gestellten Problemen dann naheliegend.

Die Unterteilung von Aufgaben in gut und schlecht gestellte Probleme stammt von Hadamard [28]. Er hat das Cauchy – Problem für die elliptische Differentialgleichung als Beispiel angegeben. Daß die Bezeichnung schlecht gestellte Probleme irreführend ist, zeigt sich bei den Anwendungsbeispielen, die auf Integralgleichungen erster Art führen. Ansätze zur Lösung schlecht gestellter Probleme oder inkorrekt gestellter Probleme stammen von Phillips [92], Pucci [94], Tikhonov [112] und anderen. Das einfache Beispiel der Volterraschen Integralgleichung erster Art wurde in Natterer [80] benutzt.

Die eingangs erwähnte Beobachtung der Ausbeulung des inneren flüssigen Erdkerns stammt von Vogel [121]. Als Literaturhinweis auf die Computer – Tomographie sei auf die Monographien von Herman [42] und insbesondere Natterer [84] verwiesen. Zur Stereologie und der Abelschen Integralgleichung siehe etwa Gorenflo [34]. Das Anwendungsproblem aus der Seismik wurde untersucht von Fawcett [25]. Schließlich sei zum inversen Streuproblem die Monographien von Chadan – Sabatier [14], Colton – Kreß [15], Newton [88], Ramm [97] verwiesen. Inversionsverfahren sind in Devaney [18], Gorenflo [33] basierend auf der Born – Rytov Approximation studiert, die Eikonal – Approximation wird in Louis [69] zugrunde gelegt.

Weitere Anwendungsbeispiele und auch theoretische Hintergründe sind in den Büchern von Baumeister [5] und Hofmann [48] und insbesondere in den Tagungsbänden von Cannon – Hornung [12], Deuflhard – Hairer [13], Engl – Groetsch [23], Hämmerlin – Hoffmann [40], Herman – Natterer [43], Sabatier [99], Talenti [111] zu finden.

2 Mathematische Hilfsmittel

In diesem Kapitel sollen wesentliche mathematischen Hilfsmittel bereitgestellt werden, die zur Behandlung schlecht gestellter Probleme benötigt werden.

2.1 Spektraldarstellung kompakter Operatoren

Eine zentrale Rolle beim Studium der Regularisierung der im ersten Kapitel erwähnten verallgemeinerten Inversen spielt die Spektralzerlegung von Operatoren. Wir beschränken uns hier auf kompakte Operatoren zwischen Hilberträumen.

Sei
$$L(X,Y) = \{A : X \in Y, \ A \ linear \ und \ stetig\}$$
der Raum der linearen und stetigen Abbildungen von X nach Y. Insbesondere ist
$$L(X) = L(X,X).$$

Sei nun X ein Hilbertraum und $T \in L(X)$. T heißt s e l b s t a d j u n g i e r t , wenn
$$T = T^*.$$
gilt. Das Spektrum von T ist
$$\sigma(T) = \{\lambda \in \mathbf{C} : \lambda I - T \ ist \ nicht \ invertierbar\}.$$
Wir nennen $\lambda \in \mathbf{C}$ einen E i g e n w e r t von T, wenn ein $x \neq 0$ existiert mit
$$Tx = \lambda x.$$
In diesem Fall ist $\lambda \in \sigma(T)$. Insbesondere bei der Behandlung von Integralgleichungen treten häufig Operatoren von X nach Y auf, die beschränkte Mengen in X in relativ kompakte Mengen in Y abbilden. Solche Operatoren nennen wir k o m p a k t , und wir definieren
$$K(X,Y) = \{T \in L(X,Y) \ : \ T \ ist \ kompakt\}.$$
Das Spektrum $\sigma(T)$ eines kompakten Operators kann höchstens die Zahl 0 als Häufungspunkt besitzen. Zunächst betrachten wir den Fall selbstadjungierter kompakter Operatoren T. Ist $\lambda \in \sigma(T)$ und $\lambda \neq 0$, dann ist λ Eigenwert, und der zugehörige Eigenraum $\mathcal{N}(T - \lambda I)$ ist endlichdimensional. Hat T einen endlichdimensionalen Bildbereich,

so nennen wir T degeneriert. Andernfalls ist die Zahl 0 Häufungspunkt von $\sigma(T)$. Für selbstadjungierte kompakte Operatoren können wir folgenden Spektralsatz angeben.

Satz 2.1.1. *Sei $T \in K(X) = K(X,X)$ selbstadjungiert mit Eigenwerten λ_n und zugehörigen orthonormierten Eigenvektoren w_n. Dann gilt für jedes $x \in X$*

$$Tx = \sum_n \lambda_n <x, w_n> w_n. \tag{2.1.1}$$

Ist ψ eine reellwertige Funktion auf dem Spektrum von T, so können wir einen Operator $\psi(T): X \to X$ definieren durch

$$\psi(T)x = \sum_n \psi(\lambda_n) <x, w_n> w_n, \tag{2.1.2}$$

vorausgesetzt, die Summe konvergiert. Es gilt folgender Approximationssatz.

Satz 2.1.2. *Seien $\psi_n : \sigma(T) \to \mathbb{R}, n \geq 0$, stetig mit $\psi_n \to \psi$ gleichmäßig auf $\sigma(T)$. Dann konvergiert $\psi_n(T)$ gegen $\psi(T)$ in der Operatornorm.*

B e w e i s . Wegen

$$\begin{aligned}\|\psi_n(T) - \psi(T)\|^2 &= \sup_{\|x\|=1} \|(\psi_n(T) - \psi(T))x\|^2 \\ &= \sup_{\|x\|=1} \sum_k (\psi_n(\lambda_k) - \psi(\lambda_k))^2 |<x, w_k>|^2 \\ &\leq \max_k |\psi_n(\lambda_k) - \psi(\lambda_k)|^2\end{aligned}$$

konvergiert wegen der gleichmäßigen Konvergenz der ψ_n die rechte Seite gegen 0.

∎

Verzichtet man auf die Selbstadjungiertheit von T, so braucht kein Eigenwert mehr zu existieren, der gleich der Norm des Operators ist. Wir betrachten nun Operatoren A aus $K(X,Y)$. Es ist $T = A^*A \in K(X)$ selbstadjungiert, und wir können die Eigenwerte λ_n und Eigenvektoren v_n, $n > 0$ von T bestimmen. Die λ_n seien so numeriert, daß

$$\lambda_1 \geq \lambda_2 \geq \cdots.$$

Setzen wir

$$\sigma_n := +\sqrt{\lambda_n} \tag{2.1.3}$$

und
$$u_n := \sigma_n^{-1} A v_n, \qquad (2.1.4)$$
so gilt
$$A v_n = \sigma_n u_n$$
und
$$A^* u_n = \sigma_n v_n.$$
$\{v_n\}$ ist ein vollständiges Orthonormalsystem für
$$\overline{\mathcal{R}(A^*)} = \mathcal{N}(A)^\perp,$$
$\{u_n\}$ ist ein vollständiges Orthonormalsystem für
$$\overline{\mathcal{R}(A)} = \mathcal{N}(A^*)^\perp.$$

Definition 2.1.3. *Die oben eingeführte Menge von Tripel*
$$\{v_n, u_n; \sigma_n\}_{n \geq 0}.$$
heißt s i n g u l ä r e s   S y s t e m für A.

Satz 2.1.4. *Sei $A \in K(X, Y)$ mit singulärem System $\{v_n, u_n; \sigma_n\}$. Dann gilt*
i)
$$Af = \sum_n \sigma_n <f, v_n> u_n.$$
ii) $Af = g$ hat eine Lösung genau dann, wenn die Picard - Bedingung erfüllt ist :
$$g = \sum_n g_n u_n,$$
also wenn $g \in \overline{\mathcal{R}(A)}$ ist, und wenn
$$\sum_n \sigma_n^{-2} | <g, u_n> |^2 < \infty.$$

Die Picard - Bedingung ist eine " Glattheitsbedingung " an die rechte Seite g; wegen $\sigma_n^{-2} \to \infty$ für $n \to \infty$ müssen die Entwicklungskoeffizienten von g entsprechend schnell fallen.

Die Picard-Bedingung fassen wir auch als K o n s i s t e n z b e d i n g u n g auf, wir nennen $g \in Y$ k o n s i s t e n t genau dann, wenn g die Picard-Bedingung erfüllt.

Um eine Vorstellung über das Verhalten von Singulärwerten zu erhalten, sollen nun zwei Beispiele diskutiert werden.

Beispiel 2.1.5. Sei
$$Af(x) = \int_0^x f(t)\,dt$$
und
$$A: L_2(0,1) \to L_2(0,1).$$
Dann hat A das singuläre System $\{v_n, u_n; \sigma_n\}$ mit
$$v_n(t) = \sqrt{2}\cos(n+1/2)\pi t,$$
$$u_n(t) = \sqrt{2}\sin(n+1/2)\pi t,$$
$$\sigma_n = \frac{1}{(n+1/2)\pi}.$$

B e w e i s . Wir betrachten A^*A und suchen die Eigenwerte von A^*A. Aus
$$A^*Af = \lambda f$$
ergibt sich wegen
$$A^*f(x) = \int_x^1 f(t)\,dt$$
die Relation
$$A^*Af(x) = \int_x^1 Af(t)\,dt$$
$$= \int_x^1 \int_0^t f(y)\,dy\,dt$$
$$= \lambda f(x).$$
Einsetzen von $x = 1$ liefert sofort
$$f(1) = 0.$$
Einmaliges Differenzieren obiger Gleichung ergibt
$$-Af(x) = -\int_0^x f(t)\,dt = \lambda f'(x)$$
und damit
$$f'(0) = 0.$$

Differenzieren wir ein weiteres Mal, so erhalten wir die gewöhnliche Differentialgleichung

$$-f(x) = \lambda f''(x),$$

welche die allgemeine Lösung

$$f(x) = a\cos\lambda^{-1/2}x + b\sin\lambda^{-1/2}x$$

hat. Die beiden Randbedingungen liefern das Gleichungssystem

$$a\cos\lambda^{-1/2} + b\sin\lambda^{-1/2} = 0$$
$$b\lambda^{-1/2} = 0.$$

Aus der zweiten Gleichung ergibt sich sofort $b = 0$, und die erste Gleichung liefert neben der trivialen Lösung $a = 0$ die Bedingung

$$\cos\lambda^{-1/2} = 0,$$

also gilt

$$\lambda^{-1/2} = (n + \frac{1}{2})\pi\,,\ n \geq 0.$$

g Das Normieren der Eigenfunktionen von A^*A liefert das Ergebnis.

∎

Beispiel 2.1.6. Sei

$$A : L_2(0,\pi) \to L_2(0,\pi)$$

der Operator, welcher der Lösung der Wärmeleitungsgleichung

$$\frac{\partial u}{\partial t} = \frac{\partial^2 u}{\partial x^2}$$

mit homogenen Randbedingungen

$$u(0,t) = u(\pi,t) = 0$$

zum Zeitpunkt $t = 0$ die Lösung zur Zeit $t = 1$ zuordnet. Dann hat A das singuläre System $\{v_n, u_n; \sigma_n\}$ mit

$$u_n(x) = v_n(x) = (2/\pi)^{1/2}\sin nx,$$
$$\sigma_n = \exp(-n^2).$$

B e w e i s . Wir betrachten das Randwertproblem der Wärmeleitungsgleichung

$$\frac{\partial u}{\partial t} = \frac{\partial^2 u}{\partial x^2},$$

$$u(0,t) = u(\pi,t) = 0,$$

und untersuchen das Problem, rückwärts in der Zeit zu rechnen. Gegeben sei g

$$g(x) := u(x,1),\ 0 \le x \le \pi,$$

also die Temperaturverteilung zur Zeit $t = 1$. Gesucht ist die dazu gehörende Anfangstemperatur f,

$$f(x) := u(x,0).$$

Mit dem Separationsansatz

$$u(x,t) = w(x)\exp(-\gamma^2 t)$$

erhalten wir für w das Eigenwertproblem

$$w'' = -\gamma^2 w,\ w(0) = w(\pi) = 0.$$

Aufgrund der Randbedingungen ergeben sich analog zu Beispiel 2.1.5 die Lösungen zu

$$w_n(x) = \sin nx,\ n \ge 1\ \text{und}\ \gamma = n.$$

Damit setzen wir an

$$u(x,t) = \sum_{n=1}^{\infty} c_n \sin nx \exp(-n^2 t).$$

Bestimmen wir c_n so, daß die Anfangsbedingung für $t = 0$ erfüllt ist, so gilt

$$c_n = \frac{2}{\pi} \int_0^\pi f(y) \sin ny\ dy,$$

also

$$u(x,t) = \frac{2}{\pi} \int_0^\pi \sum_{n=1}^{\infty} \sin nx \sin ny\ f(y) \exp(-n^2 t)\ dy.$$

Die Bedingung

$$u(x,1) = g(x)$$

führt uns auf die Integralgleichung

$$g(x) = \int_0^\pi k(x,y)\ f(y) dy =: Af(x)$$

mit

$$k(x,y) = \frac{2}{\pi} \sum_{n=1}^{\infty} \exp(-n^2) \sin nx \sin ny.$$

Die Singulärwertzerlegung des Operators A läßt sich nun sofort ablesen.

∎

Die beiden Beispiele zeigen deutlich unterschiedliches Verhalten der Singulärwerte. Während beim ersten Beispiel, in dem der inverse Operator die Differentiation ist, die Singulärwerte sich wie $1/n$ verhalten, fallen sie im zweiten Beipiel exponentiell. Da in beiden Fällen die u_n vollständig im jeweiligen L_2 sind, ist jeweils $\mathcal{N}(A^*) = \{0\}$, also besagt die Picard - Bedingung, daß $Af = g$ eine Lösung hat, wenn

$$\sum_{n=1}^{\infty}((n+1/2)\pi)^2 |<g,u_n>|^2 < \infty$$

beziehungsweise

$$\sum_{n=1}^{\infty} \exp(2n^2) |<g,u_n>|^2 < \infty.$$

Die Entwicklungskoeffizienten von g müssen also entsprechend schnell fallen.

2.2 Operatorsumme und Ungleichungen

Wie in der Einleitung schon erwähnt, werden wir bei der Behandlung inverser Probleme zwei Einflüsse berücksichtigen müssen, einmal den Approximationsfehler und zum andern den Datenfehler. Formal führt das auf die Untersuchung der Summe von zwei Operatoren.

Seien H, H_1, H_2 Hilberträume und

$$A_k : H_k \to H, k = 1, 2$$

linear und stetig. Auf $X = H_1 \times H_2$ definieren wir den linearen Operator

$$S : X \to H$$

durch

$$Sx = A_1 x_1 + A_2 x_2$$

für $x = (x_1, x_2)$. Wir führen zwei Normen auf X ein, nämlich

$$\|x\|_\infty = \max\{\|x_1\|_{H_1}, \|x_2\|_{H_2}\}$$

und für $0 < t < 1$

$$\|x\|_t = \left(t\|x_1\|_{H_1}^2 + (1-t)\|x_2\|_{H_2}^2\right)^{1/2}.$$

Die zweite Norm wird erzeugt durch das Skalarprodukt

$$<x,y>_t = t<x_1,y_1>_{H_1} + (1-t)<x_2,y_2>_{H_2}.$$

Ist der Raum X_t der Raum X versehen mit diesem Skalarprodukt, so ist X_t ein Hilbertraum für $0 < t < 1$.

Lemma 2.2.1. *Der Operator $S : X_t \to H$ ist linear und stetig.*

B e w e i s . Die Linearität von S ist offensichtlich. Die Anwendung der Dreiecksungleichung ergibt

$$\|Sx\| = \|A_1 x_1 + A_2 x_2\| \leq \|A_1 x_1\| + \|A_2 x_2\|.$$

Für reelle a, b gilt für alle $0 < t < 1$ die Ungleichung

$$(a+b)^2 \leq \frac{1}{t}a^2 + \frac{1}{1-t}b^2,$$

welche äquivalent zu der Relation

$$0 \leq \left((\frac{1-t}{t})^{1/2} a - (\frac{t}{1-t})^{1/2} b \right)^2$$

ist. Auf die Operatornorm angewandt liefert das

$$\|Sx\| \leq \left((\frac{1}{t}\|A_1\|)^2 t \|x_1\|_{H_1}^2 + (\frac{1}{1-t}\|A_2\|)^2 (1-t) \|x_2\|_{H_2}^2 \right)^{1/2}$$

$$\leq c \|x\|_t$$

mit

$$c = \max(\frac{1}{t}\|A_1\|_{H_1}, \frac{1}{1-t}\|A_2\|_{H_2}).$$

∎

Wir haben so eine Abschätzung für die Norm des Operators $S : X_t \to H$ gefunden, wobei Standardtechniken angewandt wurden. Im nächsten Schritt bestimmen wir die Adjungierte dieses linearen, stetigen Operators.

Lemma 2.2.2. *Der adjungierte Operator von $S : X_t \to H$ ist $S^* : H \to X$,*

$$S^* y = \left(\frac{1}{t} A_1^* y, \frac{1}{1-t} A_2^* y \right)$$

und somit gilt

$$SS^* y = \left(\frac{1}{t} A_1 A_1^* + \frac{1}{1-t} A_2 A_2^* \right) y.$$

B e w e i s . Für $y \in H$ und $x \in X$ ist

$$<Sx, y>_H = <A_1 x_1 + A_2 x_2, y>_H$$

$$= t <x_1, \frac{1}{t} A_1^* y>_{H_1} + (1-t) <x_2, \frac{1}{1-t} A_2^* y>_{H_2}$$

$$= <x, S^* y>_t$$

mit obiger Darstellung für S^*.

∎

Wir betrachten nun zwei Normen von S,

$$\|S\|_\infty = \sup\{\|Sx\| : \|x\|_\infty \leq 1\}$$

und
$$\|S\|_t = \sup\{\|Sx\| : \|x\|_t \leq 1\}.$$

Da $\{x \in X : \|x\|_\infty \leq 1\} \subset \{x \in X : \|x\|_t \leq 1\}$ für $0 < t < 1$, folgt sofort

$$\|S\|_\infty \leq \inf\{\|S\|_t : 0 < t < 1\}.$$

Bedenken wir außerdem, daß
$$\|S\|_t = \|SS^*\|^{1/2},$$
so ergibt sich aus der Darstellung von SS^*, daß

$$\|S\|_t = \|\frac{1}{t}A_1 A_1^* + \frac{1}{1-t}A_2 A_2^*\|^{1/2}.$$

Zusammenfassend ergibt das folgendes Lemma.

Lemma 2.2.3. *Es gilt*

$$\|S\|_\infty \leq \inf_{0<t<1} \|S\|_t = \inf_{0<t<1} \|\frac{1}{t}A_1 A_1^* + \frac{1}{1-t}A_2 A_2^*\|^{1/2}.$$

In dem hier gefundenen Ergebnis stört noch das Ungleichheitszeichen. Bei der Berechnung von $\|S\|_\infty$ ist die quadratische Form $\|Sx\|^2$ zu maximieren unter den beiden quadratischen Nebenbedingungen $\|x_1\|^2 \leq 1, \|x_2\|^2 \leq 1$. Die beiden Nebenbedingungen können in eine Linearkombination mit anschließender Minimierung über den Parameter überführt werden. Es gilt dann

Lemma 2.2.4. *Seien $\|\cdot\|, \|\cdot\|_1, \|\cdot\|_2$ Seminormen auf dem Hilbertraum H. Dann gilt*

$$\sup\{\|x\| : \|x\|_1 \leq 1, \|x\|_2 \leq 1\} = \min_{0 \leq t \leq 1} \sup\{\|x\| : t\|x\|_1^2 + (1-t)\|x\|_2^2 \leq 1\}.$$

Die Kombination der beiden Lemmata liefert das Hauptergebnis dieses Abschnittes.

Satz 2.2.5. *Für den Operator $S : H_1 \times H_2 \to H$ mit $Sx = A_1 x_1 + A_2 x_2$ und $A_k \in L(H_k, H), k = 1, 2$, gilt*
$$\|S\|_\infty = \inf_{0<t<1} \|S\|_t$$
$$= \inf_{0<t<1} \|\frac{1}{t}A_1 A_1^* + \frac{1}{1-t}A_2 A_2^*\|^{1/2}.$$

Korollar 2.2.6. *Es gilt*

$$\sup\{\|Sx\| : \|x_1\|_1 \leq \rho, \|x_2\|_2 \leq \varepsilon\}$$

$$= \inf_{0<t<1} \|\frac{\rho^2}{t}A_1A_1^* + \frac{\varepsilon^2}{1-t}A_2A_2^*\|^{1/2}.$$

Diese Berechnung der Norm liefert wesentlich bessere Abschätzungen als die Anwendung der Hölder'schen Ungleichung, wie das Beispiel am Ende dieses Abschnittes zeigt.

Wir wollen noch zwei Spezialfälle als Anwendung notieren. Sei zunächst $H = H_1 = H_2 = \ell_2$. Für $a_1, a_2 \in \ell_\infty$ konstruieren wir die Operatoren A_k durch punktweise Multiplikation

$$(A_k x_k)_n = a_{k,n} \cdot x_{k,n}, \ k = 1, 2.$$

Dann ist $A_k : \ell_2 \to \ell_2$ linear und stetig mit Norm $\|a_k\|_\infty$. Die Anwendung von Satz 2.2.5 ergibt

Korollar 2.2.7. *Es seien $a_1, a_2 \in \ell_\infty$ und $x_1, x_2 \in \ell_2$, dann gilt*

$$\sup_{\|x_1\|\leq 1, \|x_2\|\leq 1} \sum_{n=1}^{\infty}(a_{1,n}x_{1,n} + a_{2,n}x_{2,n})^2$$

$$= \inf_{0<t<1} \sup_n (\frac{1}{t}a_{1,n}^2 + \frac{1}{1-t}a_{2,n}^2)$$

$$= \inf_{0<t<1} \|\frac{1}{t}a_1^2 + \frac{1}{1-t}a_2^2\|_\infty.$$

Dies kann in folgender Weise umformuliert werden, wobei wir lediglich Lemma 2.2.3. benutzen

Ungleichung 1. *Es seien $a_1, a_2 \in \ell_\infty$ und $x_1, x_2 \in \ell_2$, dann gilt folgende Ungleichung*

$$\sum_{n=1}^{\infty}(a_{1,n}x_{1,n} + a_{2,n}x_{2,n})^2 \leq \sup_n (\frac{1}{t}a_{1,n}^2 \|x_1\|_{\ell_2}^2 + \frac{1}{1-t}a_{2,n}^2 \|x_2\|_{\ell_2}^2)$$

für alle $0 < t < 1$.

Ein vergleichbares Ergebnis erhalten wir bei Verwendung von $H = H_1 = H_2 = L_2$. Mit $a_k \in L_\infty$ sei

$$(A_k x_k)(\xi) = a_k(\xi) x_k(\xi), k = 1, 2.$$

Dann folgt

Korollar 2.2.8. *Es seien $a_1, a_2 \in L_\infty$ und $x_1, x_2 \in L_2$, dann gilt*

$$\sup_{\|x_1\|_{L_2}, \|x_2\|_{L_2}} \int \bigl(a_1(\xi)x_1(\xi) + a_2(\xi)x_2(\xi)\bigr)^2 \, d\xi$$

$$= \inf_{0<t<1} \operatorname{vrai} \max_{\xi} \bigl(\frac{1}{t}a_1^2(\xi) + \frac{1}{1-t}a_2^2(\xi)\bigr)$$

$$= \inf_{0<t<1} \|\frac{1}{t}a_1^2 + \frac{1}{1-t}a_2^2\|_{L_\infty}.$$

Daraus ergibt sich dann

Ungleichung 2. *Es seien $a_1, a_2 \in L_\infty$ und $x_1, x_2 \in L_2$, dann gilt*

$$\int \bigl(a_1(\xi)x_1(\xi) + a_2(\xi)x_2(\xi)\bigr)^2 \, d\xi$$

$$\leq \operatorname{vrai} \max_{\xi} \bigl(\frac{1}{t}a_1^2(\xi)\|x_1\|_{L_2}^2 + \frac{1}{1-t}a_2^2(\xi)\|x_2\|_{L_2}^2\bigr)$$

für $0 < t < 1$.

Hier wird gleichzeitig über $a_1(\xi)$ und $a_2(\xi)$ das Supremum gebildet, während bei Anwendung der Dreiecksungleichung die beiden Funktionen getrennt maximiert werden.

An einem Beispiel soll nun gezeigt werden, daß die hier gefundenen Ergebnisse bessere Abschätzungen liefern als die direkte Anwendung der Hölder'schen Ungleichung.

Beispiel 2.2.9. Seien

$$x_{1,n} = x_{2,n} = \frac{1}{n}$$

und

$$a_{1,n} = \sqrt{1 - \frac{1}{n}} \, , \ a_{2,n} = \sqrt{1 + \frac{1}{n}}.$$

Dann ist

$$\|x_1\|_{\ell_2}^2 = \|x_2\|_{\ell_2}^2 = \frac{\pi^2}{6},$$

$$\|a_1\|_\infty^2 = 1 \, , \ \|a_2\|_\infty^2 = 2.$$

Die Reihe können wir für jedes t mit $0 < t < 1$ zunächst abschätzen durch

$$\sum_n \bigl(a_{1,n}x_{1,n} + a_{2,n}x_{2,n}\bigr)^2 \leq \frac{1}{t}\|a_1\|_\infty^2 \|x_1\|_{\ell_2}^2 + \frac{1}{1-t}\|a_2\|_\infty^2 \|x_2\|_{\ell_2}^2$$

$$= \frac{\pi^2}{6}\left(\frac{1}{t} + \frac{2}{1-t}\right).$$

Diese Funktion in t wird in $]0,1[$ minimal für $t = -1 + \sqrt{2}$, es ergibt sich bei dieser Vorgehensweise als optimale Abschätzung

$$\frac{\pi^2}{6}(3 + 2\sqrt{2}) \approx \frac{\pi^2}{6} \cdot 5.82842712.$$

Diese Optimierung bezüglich t liefert gegenüber der üblichen Abschätzung mit $t = \frac{1}{2}$ statt des Faktors 6 den Faktor $3 + 2\sqrt{2}$, also eine Verbesserung um etwa 2.85%.

Wenden wir aber Ungleichung 1 an, so erhalten wir

$$\sum_n (a_{1,n}x_{1,n} + a_{2,n}x_{2,n})^2 \leq \sup_n \left(\frac{1}{t}a_{1,n}^2 \|x_1\|_{\ell_2}^2 + \frac{1}{1-t}a_{2,n}^2 \|x_2\|_{\ell_2}^2\right)$$

$$= \frac{\pi^2}{6} \sup_n \left(\frac{1}{t}\left(1 - \frac{1}{n}\right) + \frac{1}{1-t}\left(1 + \frac{1}{n}\right)\right)$$

$$= \frac{\pi^2}{6} \frac{1}{t(1-t)} \sup_n \left(1 + \frac{1}{n}(2t - 1)\right)$$

$$= \frac{\pi^2}{6} \begin{cases} \frac{1}{t(1-t)} & \text{für } 0 < t < \frac{1}{2}, \\ 4 & \text{für } t = \frac{1}{2}, \\ \frac{2t}{t(1-t)} & \text{für } \frac{1}{2} < t < 1. \end{cases}$$

Als optimales Ergebnis erhalten wir somit

$$\sum_{n=1}^{\infty} (a_{1,n}x_{1,n} + a_{2,n}x_{2,n})^2 = \frac{2}{3}\pi^2.$$

Dies ist also erneut eine Verbesserung, allerdings nun um 31.37%.

Eine direkte Berechnung der Reihe liefert in diesem einfachen Beispiel

$$\sum \frac{1}{n^2}\left(\sqrt{1 - \frac{1}{n}} + \sqrt{1 + \frac{1}{n}}\right)^2$$

$$= \sum \frac{2}{n^2}\left(1 + \frac{\sqrt{n^2-1}}{n}\right).$$

Wegen der Gleichheit in Korollar 2.2.7 können wir ablesen

$$\sum_{n=1}^{\infty} \frac{\sqrt{n^2-1}}{n^3} = \frac{\pi^2}{6}.$$

Dieses einfache Beispiel lieferte also eine um ein Drittel bessere Abschätzung als die übliche Vorgehensweise.

2.3 Normen

Für selbstadjungierte kompakte Operatoren können wir nach (2.1.2) Funktionen auf diesen Operatoren bilden. Ist insbesondere ψ eine Potenzfunktion, so gilt für den selbstadjungierten, kompakten Operator $A^*A : X \to X$ die Darstellung

$$(A^*A)^\mu f = \sum_n \sigma_n^{2\mu} <f, v_n> v_n. \qquad (2.3.1)$$

Wachstumsbedingungen an die Entwicklungskoeffizienten $<f, v_n>$ garantieren die Endlichkeit dieses Ausdruckes. Bezeichnet $\mathcal{D}((A^*A)^{-\nu/2})$ den Definitionsbereich des Operators $(A^*A)^{-\nu/2}$, so gilt für $\nu > 0$

$$\mathcal{R}((A^*A)^{\nu/2}) = \mathcal{D}((A^*A)^{-\nu/2}) \cap \mathcal{N}(A)^\perp. \qquad (2.3.2)$$

Wegen $\mathcal{R}(A^*) = \mathcal{N}(A)^\perp$, wobei $\mathcal{N}(A)$ den Kern von A bezeichnet, bleibt zu zeigen, daß die Bilder von $(A^*A)^{\nu/2}$ den im Orthogonalkomplement des Nullraumes von A liegenden Elemente des Definitionsbereiches von $(A^*A)^{-\nu/2}$ entsprechen, also daß $f \in \mathcal{D}((A^*A)^{-\nu/2}) \cap \mathcal{N}(A)^\perp$ genau dann ist, wenn ein $y \in X$ existiert mit

$$f = (A^*A)^{\nu/2} y.$$

Existiert ein solches y, so gilt

$$\sum \sigma_n^{-2\nu} |<f, v_n>|^2 = \sum \sigma_n^{-2\nu} |<(A^*A)^{\nu/2}y, v_n>|^2$$
$$= \sum \sigma_n^{-2\nu} |<y, (A^*A)^{\nu/2}v_n>|^2$$
$$= \sum |<y, v_n>|^2$$
$$< \infty,$$

also ist $f \in \mathcal{D}((A^*A)^{-\nu/2})$.

Ist andererseits $f \in \mathcal{D}((A^*A)^{-\nu/2})$, so definieren wir

$$y = \sum \sigma_n^{-\nu} <f, v_n> v_n.$$

Wegen $f \in \mathcal{D}((A^*A)^{-\nu/2})$ folgt sofort, daß $y \in X$. Die Anwendung von $(A^*A)^{\nu/2}$ liefert dann die Beziehung

$$f = (A^*A)^{\nu/2} y,$$

also $f \in \mathcal{R}((A^*A)^{\nu/2})$.

Lemma 2.3.1. *Auf*

$$X_\nu = \{f \in \mathcal{N}(A)^\perp : f \in \mathcal{D}((A^*A)^{-\nu/2})\} = \mathcal{R}((A^*A)^{\nu/2})$$

ist

$$<f,g>_\nu = \sum_n \sigma_n^{-2\nu} <f,v_n><g,v_n> \qquad (2.3.3)$$

ein Skalarprodukt und

$$\|f\|_\nu := (<f,f>_\nu)^{1/2} = (\sum \sigma_n^{-2\nu}|<f,v_n>|^2)^{1/2} \qquad (2.3.4)$$

eine Norm.

Der Beweis ergibt sich durch einfaches Nachrechnen. Wegen

$$X_\nu \supset X_{\nu+\mu} \ \ f\ddot{u}r \ \mu \geq 0 \qquad (2.3.5)$$

bildet $\{X_\mu\}$ eine Prä - Hilbertskala. Die Numerierung wurde so gewählt, daß die Normen und Räume sich wie die im nächsten Abschnitt beschriebenen Sobolev-Normen und -Räume verhalten.

Lemma 2.3.2. *Es ist*
$$\|Af\| = \|f\|_{-1}. \qquad (2.3.6)$$

B e w e i s . Wegen

$$\|Af\|^2 = \sum \sigma_n^2 |<f,v_n>|^2$$

folgt mit $\nu = -1$ in (2.3.4) die Behauptung.

∎

Satz 2.3.3. *Für $x \in X_{max(\nu,\mu)}$ und $\theta \in [0,1]$ gilt*

$$\|f\|_{\theta\nu+(1-\theta)\mu} \leq \|f\|_\nu^\theta \|f\|_\mu^{1-\theta}, \qquad (2.3.7)$$

das heißt, $\|f\|_\nu$ ist in ν eine logarithmisch konvexe Funktion.

B e w e i s . Die Anwendung der Hölderschen Ungleichung

$$\sum a_n b_n \leq (\sum a_n^p)^{1/p} (\sum b_n^q)^{1/q}$$

mit $\frac{1}{p} + \frac{1}{q} = 1$ ergibt mit $p = \frac{1}{\theta}$ die Abschätzung

$$\begin{aligned}
\|f\|_{\theta\nu+(1-\theta)\mu}^2 &= \sum \sigma_n^{-2(\theta\nu+(1-\theta)\mu)} |<f,v_n>|^2 \\
&= \sum (\sigma_n^{-2\nu}|<f,v_n>|^2)^\theta (\sigma_n^{-2\mu}|<f,v_n>|^2)^{1-\theta} \\
&\leq \left(\sum \sigma_n^{-2\nu}|<f,v_n>|^2\right)^\theta \left(\sum \sigma_n^{-2\mu}|<f,v_n>|^2\right)^{1-\theta} \\
&= \|f\|_\nu^{2\theta} \|f\|_\mu^{2(1-\theta)}.
\end{aligned}$$

∎

Wir wollen eine Abschätzung für Normen verschiedener Indizes durchführen.

Satz 2.3.4. *Es sei $\nu \geq \mu$. Dann gilt*

$$\|f\|_\mu \leq \|A\|^{\nu-\mu} \|f\|_\nu.$$

Be w e i s . Es gilt mit $f_n = <f,v_n>$

$$\|f\|_\mu^2 = \sum \sigma_n^{-2\mu} f_n^2 = \sigma_1^{-2\mu} \sum \left(\frac{\sigma_n}{\sigma_1}\right)^{-2\mu} f_n^2.$$

Für $0 < x < 1$ ist x^α monoton fallend in α, also folgt wegen $0 < \sigma_n/\sigma_1 < 1$ die Abschätzung

$$\begin{aligned}
\|f\|_\mu^2 &\leq \sigma_1^{-2\mu} \sum \left(\frac{\sigma_n}{\sigma_1}\right)^{-2\nu} f_n^2 \\
&= \sigma_1^{2(\nu-\mu)} \sum \sigma_n^{-2\nu} f_n^2 \\
&= \sigma_1^{2(\nu-\mu)} \|f\|_\nu^2.
\end{aligned}$$

Wegen $\sigma_1 = \|A\|$ folgt die Behauptung.

∎

2.4 Fourier – Transformation und Sobolev – Räume

Die im letzten Abschnitt diskutierten Normen und Räume sind durch die Benutzung der singulären Systeme eng an den Operator in der zu untersuchenden Gleichung gekoppelt. Um dies zu vermeiden, soll nun eine weitere Möglichkeit zur Bestimmung von geeigneten Räumen diskutiert werden. Dazu benötigen wir die Fourier – Transformation.

Wir bezeichnen mit $\mathcal{S}$ den Schwartzschen Raum der schnell fallenden Funktionen auf $\mathbb{R}^N$, $\mathcal{S}'$ sei der Raum der temperierten Distributionen. Die Fourier – Transformation führen wir zunächst auf $L_1(\mathbb{R}^N)$ ein, sie kann auf $\mathcal{S}'$ und insbesondere auf $L_2(\mathbb{R}^N)$ fortgesetzt werden.

Definition 2.4.1. *Für $f \in L_1(\mathbb{R}^N)$ ist*

$$\mathcal{F}f(\xi) = \widehat{f}(\xi) = (2\pi)^{-N/2} \int_{\mathbb{R}^N} f(x) e^{-i<x,\xi>} \, dx \qquad (2.4.1)$$

die Fourier – Transformierte von f.

Die inverse Fourier – Transformation ist gegeben durch

$$f(x) = \mathcal{F}^{-1}\widehat{f}(x) = (2\pi)^{-N/2} \int_{\mathbb{R}^N} \widehat{f}(\xi) e^{i<x,\xi>} \, d\xi. \qquad (2.4.2)$$

Wir können die Fourier – Transformation fortsetzen auf $L_2(\mathbb{R}^N)$ durch

$$\widehat{f}(\xi) = \lim_{a \to \infty} \int_{|x| \leq a} f(x) e^{-i<x,\xi>} \, dx.$$

Die Fourier – Transformation ist eine Isometrie auf $L_2(\mathbb{R}^N)$, es gilt die Formel von Plancherel

$$\|f\|_{L_2(\mathbb{R}^N)} = \|\widehat{f}\|_{L_2(\mathbb{R}^N)}. \qquad (2.4.3)$$

Auch hieraus erhält man die Inversionsformel $\mathcal{F}^{-1} = \mathcal{F}^*$.

Mit Hilfe der Fourier – Transformation führen wir nun die folgenden Funktionenräume ein.

Definition 2.4.2. *Sei $\nu \geq 0$. Die Hilberträume*

$$H^\nu(\mathbb{R}^N) = \{f \in L_2(\mathbb{R}^N) : \|f\|_{H^\nu(\mathbb{R}^N)} < \infty\} \tag{2.4.4}$$

mit

$$\|f\|_{H^\nu(\mathbb{R}^N)} = \left(\int_{\mathbb{R}^N} (1 + |\xi|^2)^\nu |\widehat{f}(\xi)|^2 \, d\xi\right)^{1/2} \tag{2.4.5}$$

heißen S o b o l e v — R ä u m e .

Für negativen Index ν können wir die Normen (2.4.5) ebenfalls erklären. Die entsprechenden Räume H^ν sind gerade die Dualräume der $H^{-\nu}$ bezüglich des L_2 - Skalarproduktes.

Wir bemerken sofort, daß für wachsendes ν die Funktionen $|\widehat{f}(\xi)|$ für große $|\xi|$ immer schneller fallen müssen, damit die Integrale exisieren, also haben wir die Inklusion

$$H^{\nu+t}(\mathbb{R}^N) \subset H^\nu(\mathbb{R}^N), \ t \geq 0. \tag{2.4.6}$$

Auch für diese Hilbert – Skala gilt die Interpolationsabschätzung analog zu Satz 2.3.3.

Satz 2.4.3. *Für $f \in H^{\max(\nu,\mu)}$ und $\theta \in [0,1]$ gilt*

$$\|f\|_{H^{\theta\nu+(1-\theta)\mu}} \leq \|f\|_{H^\nu}^\theta \, \|f\|_{H^\mu}^{1-\theta}. \tag{2.4.7}$$

B e w e i s . Auch hier verwenden wir die Höldersche Ungleichung zum Beweis. Es gilt

$$\begin{aligned}\|f\|_{H^{\theta\nu+(1-\theta)\mu}}^2 &= \int (1+|\xi|^2)^{\theta\nu+(1-\theta)\mu} |\widehat{f}(\xi)|^2 \, d\xi \\ &= \int ((1+|\xi|^2)^\nu |\widehat{f}(\xi)|^2)^\theta ((1+|\xi|^2)^\mu |\widehat{f}(\xi)|^2)^{1-\theta} \, d\xi \\ &\leq (\int (1+|\xi|^2)^\nu |\widehat{f}(\xi)|^2 \, d\xi)^\theta (\int (1+|\xi|^2)^\mu |\widehat{f}(\xi)|^2 \, d\xi)^{1-\theta} \\ &= \|f\|_{H^\nu}^{2\theta} \|f\|_{H^\mu}^{2(1-\theta)}.\end{aligned}$$

∎

Die Definition der Sobolev - Räume, wie sie bei der Behandlung von elliptischen Differentialgleichungen für $\nu \in \mathbb{N}_0$ Verwendung findet, erhalten wir als Spezialfall, wenn wir einfache Ergebnisse zur Fourier - Transformation benutzen.

Sei α ein Multiindex mit $\alpha = (\alpha_1, \cdots, \alpha_N)$, $\alpha_k \geq 0$ und $|\alpha| = \alpha_1 + \cdots + \alpha_N$. Weiter definieren wir für $\xi \in \mathbb{R}^N$

$$\xi^\alpha = \xi^{\alpha_1}_1 \cdots \xi^{\alpha_N}_N,$$

und D^α bezeichne die partielle Ableitung $\frac{\partial^\alpha}{\partial \xi^\alpha}$.

Durch partielle Integration finden wir

$$\mathcal{F}(D^\alpha f)(\xi) = \imath^{|\alpha|} \xi^\alpha \widehat{f}(\xi). \tag{2.4.8}$$

Benutzen wir die Fourier-Transformation für die Ableitung und die Formel von Plancherel, so erhalten wir für $\nu \in I\!N_0$ eine zu $\|\cdot\|_{H^\nu}$ äquivalente Normierung durch

$$|||f|||_{H^\nu} = \Big(\sum_{|\alpha| \leq \nu} \|D^\alpha f\|_{L_2}^2 \Big)^{1/2}.$$

Die Ableitungen sind dabei im verallgemeinerten Sinn zu betrachten. Je größer der Index ν ist, desto mehr verallgemeinerte Ableitungen müssen quadratintegrierbar sein.

Schließlich wollen wir noch einige wichtige Eigenschaften der Fourier – Transformation aufführen, die wir in den folgenden Kapiteln benötigen.

Es sei T^y eine unitäre Darstellung der Verschiebung einer Funktion um y, also

$$T^y f(x) = f(x - y),$$

weiter sei E^b die Multiplikation mit der Exponentialfunktion

$$E^b f(x) = e^{\imath <b,x>} f(x),$$

und D^a sei die Dilatation

$$D^a f(x) = |a|^{-N/2} f(\frac{1}{a}x) \, , \, a \in I\!R \setminus \{0\}.$$

Dann gilt

$$\mathcal{F} T^y = E^y \mathcal{F}, \tag{2.4.9}$$

also

$$\mathcal{F} T^y f(\xi) = e^{\imath <y,\xi>} \widehat{f}(\xi),$$

und

$$\mathcal{F} D^a = D^{1/a} \mathcal{F}, \tag{2.4.10}$$

also

$$\mathcal{F} D^a f(\xi) = |a|^{N/2} \widehat{f}(a\xi).$$

Diese beiden Ergebnisse erhalten wir durch geeignete Koordinatentransformation. Die F a l t u n g zweier Funktionen ist definiert durch

$$(f * g)(x) = \int f(x-y) g(y) \, dy = \int f(y) g(x-y) \, dy. \tag{2.4.11}$$

Durch Fourier - Transformation geht die Faltung über in eine Multiplikation. Es gilt der **Faltungssatz** .

Satz 2.4.4. Für $f \in L_2$ und $g \in L_1$ bzw. $f \in L_1$ und $g \in L_2$ gilt

$$\mathcal{F}(f * g)(\xi) = (2\pi)^{N/2} \mathcal{F}f(\xi)\mathcal{F}g(\xi). \tag{2.4.12}$$

B e w e i s . Mit der Substitution $z = x - y$ folgt aus

$$\begin{aligned}
\widehat{(f*g)}(\xi) &= (2\pi)^{-N/2} \int (f*g)(x)e^{-\imath <x,\xi>} \, dx \\
&= (2\pi)^{-N/2} \int \int f(x-y)g(y)e^{-\imath <x,\xi>} \, dy \, dx \\
&= (2\pi)^{-N/2} \int f(z)e^{-\imath <z,\xi>} \, dz \int g(y)e^{-\imath <y,\xi>} \, dy \\
&= (2\pi)^{N/2} \widehat{f}(\xi)\widehat{g}(\xi).
\end{aligned}$$

■

Wir wollen nun im zweidimensionalen Fall $N = 2$ Funktionen f der Form

$$f(x) = \psi(|x|)e^{\imath \ell \arg x} \tag{2.4.13}$$

betrachten. Bezeichnen wir mit $\xi = \sigma\omega(\varphi)$ und $x = r\omega(\theta)$, mit $\omega(\alpha) = (\cos\alpha, \sin\alpha)^\top$, so ist die Fourier - Transformierte von f

$$\begin{aligned}
\widehat{f}(\sigma\omega) &= \frac{1}{2\pi} \int_0^\infty r\psi(r) \int_0^{2\pi} e^{\imath \ell \theta} e^{\imath \sigma r <\omega(\varphi),\omega(\theta)>} \, d\theta \, dr \\
&= \frac{1}{2\pi} \int_0^\infty r\psi(r) \int_0^{2\pi} e^{\imath \ell \theta} e^{\imath \sigma r \cos(\theta-\varphi)} \, d\theta \, dr \\
&= e^{\imath \ell \varphi} \int_0^\infty r\psi(r) \frac{1}{2\pi} \int_0^{2\pi} e^{\imath \ell \theta} e^{\imath \sigma r \cos\theta} \, d\theta \, dr.
\end{aligned}$$

Mit der Hansen' schen Integraldarstellung der B e s s e l — Funktion 1 . Art

$$J_\ell(z) = \frac{(-\imath)^\ell}{2\pi} \int_0^{2\pi} e^{\imath(z\cos\theta - \ell\theta)} \, d\theta$$

und $J_{-\ell}(z) = (-1)^\ell J_\ell(z)$ ergibt sich

$$\widehat{f}(\sigma\omega) = e^{\imath \ell \varphi} \imath^\ell \mathcal{H}_\ell \psi(\sigma)$$

mit der **Hankel** — Transformation

$$\mathcal{H}_\ell \psi(\sigma) = \int_0^\infty r\psi(r) J_\ell(\sigma r)\, dr.$$

Die Ableitung der Fourier – Transformierten einer Funktion f ist

$$D^\alpha \widehat{f}(\xi) = (2\pi)^{-N/2} D_\xi^\alpha \int_{\mathbb{R}^N} f(x) e^{-i<x,\xi>}\, dx$$

$$= (2\pi)^{-N/2} (-i)^{|\alpha|} \int_{\mathbb{R}^N} x^\alpha f(x) e^{-i<x,\xi>}\, dx$$

$$= (-i)^{|\alpha|} \widehat{(x^\alpha f)}(\xi).$$

Kombinieren wir dieses Ergebnis mit (2.4.8), so erhalten wir

$$\mathcal{F}(D^\beta (x^\alpha f))(\xi) = i^{|\alpha|+|\beta|} \xi^\beta D^\alpha \widehat{f}(\xi). \qquad (2.4.14)$$

Um Ableitungen von Funktionen der Form (2.4.13) zu berechnen, betrachten wir im $\mathbb{R}^2$

$$r\frac{\partial}{\partial r} f(r\omega) = r\cos\theta \frac{\partial f}{\partial x_1} + r\sin\theta \frac{\partial f}{\partial x_2}$$

$$= \sum_{|\alpha|=1} x^\alpha D^\alpha f$$

$$= <x, \nabla> f,$$

wobei ∇ den Gradienten bezeichnet. Um Formel (2.4.14) verwenden zu können, müssen wir Ableitungen und Produkte mit Potenzen von x vertauschen. Wegen

$$x_k \frac{\partial f}{\partial x_k} = \frac{\partial}{\partial x_k}(x_k f) - f, \quad k = 1, 2,$$

ist

$$\widehat{(r\frac{\partial}{\partial r} f)}(\xi) = \widehat{(\sum_{|\alpha|=1} D^\alpha (x^\alpha f) - 2f)}(\xi)$$

$$= -\sum_{|\alpha|=1} \xi^\alpha D^\alpha \widehat{f}(\xi) - 2\widehat{f}(\xi).$$

Benutzen wir auch im Fourier – Raum Polarkoordinaten, $\xi = \sigma\omega$, so ergibt sich

$$\widehat{(r\frac{\partial}{\partial r} f)}(\xi) = -\sigma \frac{\partial}{\partial \sigma} \widehat{f}(\sigma\omega) - 2\widehat{f}(\sigma\omega).$$

Für die zweite Ableitung erhalten wir wegen

$$r^2 \frac{\partial^2}{\partial r^2} = (r\frac{\partial}{\partial r})^2 - r\frac{\partial}{\partial r}$$

die Formel
$$r^2 \frac{\partial^2}{\partial r^2} f = x_1^2 \frac{\partial^2 f}{\partial x_1^2} + 2x_1 x_2 \frac{\partial^2 f}{\partial x_1 \partial x_2} + x_2^2 \frac{\partial^2 f}{\partial x_2^2}.$$

Auch hier müssen wir wieder die Darstellung umrechnen, um Formel (2.4.14) anwenden zu können. Es ist

$$\frac{\partial^2}{\partial x_k^2}(x_k^2 f) = x_k^2 \frac{\partial^2 f}{\partial x_k^2} + 4x_k \frac{\partial f}{\partial x_k} + 2f, \quad k=1,2.$$

Mit der entsprechenden Formel für die gemischten Ableitungen,

$$\frac{\partial^2}{\partial x_1 \partial x_2}(x_1 x_2 f) = f + x_1 \frac{\partial f}{\partial x_1} + x_2 \frac{\partial f}{\partial x_2} + x_1 x_2 \frac{\partial^2 f}{\partial x_1 \partial x_2},$$

ergibt sich

$$r^2 \frac{\partial^2}{\partial r^2} f = \frac{\partial^2}{\partial x_1^2}(x_1^2 f) + 2\frac{\partial^2}{\partial x_1 \partial x_2}(x_1 x_2 f) + \frac{\partial^2}{\partial x_2^2}(x_2^2 f) - 6 <x, \nabla> f - 6f.$$

Die erneute Anwendung von Formel (2.4.14) liefert dann folgenden Satz, in dem wir beide Ergebnisse zusammenfassen.

Satz 2.4.5. *Für stetig differenzierbare beziehungsweise zweimal stetig differenzierbare Funktionen gilt*
i)
$$\mathcal{F}\left(r\frac{\partial}{\partial r}f\right)(\sigma\omega) = -(\sigma\frac{\partial}{\partial \sigma} + 2)\widehat{f}(\sigma\omega). \tag{2.4.15}$$

ii)
$$\mathcal{F}\left(r^2 \frac{\partial^2}{\partial r^2}f\right)(\sigma\omega) = (\sigma^2 \frac{\partial^2}{\partial \sigma^2} + 6\sigma\frac{\partial}{\partial \sigma} + 6)\widehat{f}(\sigma\omega). \tag{2.4.16}$$

2.5 Bemerkungen und Literaturhinweise

Die Grundlagen über kompakte Operatoren und Fourier – Transformation können den meisten Lehrbüchern über Funktionalanalysis entnommen werden. Insbesondere sei hingewiesen auf Heuser [46] und Yosida [126].

Lemma 2.2.4, das für die Gleichheit der Normen in Abschnitt 2.2 benötigt wird, stammt von Melkmann – Micchelli [75], die Idee, es für die Berechnung der Norm einer Summe zu benutzen, geht auf Vainikko [119] zurück.

Eine ausführliche Darstellung von Sobolev – Räumen ist in Triebel [115] zu finden. Für spezielle Funktionen sei verwiesen auf die Tafeln von Abramowitz – Stegun [1] und Gradshteyn – Ryzhik [35], sowie auf die Bücher von Dieudonné [19], Hochstadt [47] und Nikiforov – Uvarov [89].

3 Stabilisierung schlecht gestellter Probleme

In diesem Kapitel verallgemeinern wir den Lösungsbegriff für Operatorgleichungen erster Art. Dabei beschränken wir die Diskussion auf Operatoren in Hilberträumen. Es wird ein allgemeiner Zugang zur Regularisierung angegeben und daraus werden im nächsten Kapitel Regularisierungsverfahren mit Fehlerabschätzungen hergeleitet.

3.1 Verallgemeinerte Inverse

Seien X, Y Hilberträume. Wir betrachten den linearen, stetigen Operator

$$A : X \to Y$$

und suchen Lösungen der Operatorgleichung erster Art

$$Af = g. \qquad (3.1.1)$$

Eine Lösung existiert nur für Elemente aus dem Bild von A, also $g \in \mathcal{R}(A)$. Um einen Lösungsbegriff für weitere Elemente in Y einzuführen, betrachten wir den Defekt

$$J(f) := \|Af - g\|.$$

Bezeichnen wir mit

$$P_{\overline{\mathcal{R}(A)}} : Y \to Y \qquad (3.1.2)$$

die orthogonale Projektion von Y auf den Abschluß des Wertebereiches von A, dann können wir den Defekt aufspalten in

$$J^2(f) = \|Af - P_{\overline{\mathcal{R}(A)}}g\|^2 + \|g - P_{\overline{\mathcal{R}(A)}}g\|^2.$$

Ist $g \in \mathcal{R}(A) \oplus \mathcal{R}(A)^\perp$, so ergibt sich die Minimierung des Defektes zu

$$\min_{f \in X} J(f) = \min_{f \in X} \|Af - g\| = \|g - P_{\overline{\mathcal{R}(A)}}g\|.$$

Ist A injektiv, so ist f eindeutig bestimmt als Lösung von

$$Af = P_{\overline{\mathcal{R}(A)}}g.$$

Andernfalls wählen wir unter allen f, welche diese Gleichung lösen, dasjenige mit kleinster Norm

$$f : \|f\| < \|u\| \; \text{für alle}\; u \neq f \; \text{mit}\; J(u) = J(f) = \min J(v).$$

Das so bestimmte f nennen wir M o o r e — P e n r o s e L ö s u n g oder
v e r a l l g e m e i n e r t e L ö s u n g . Hierdurch wird eine Abbildung, die
v e r a l l g e m e i n e r t e I n v e r s e ,

$$A^\dagger : \mathcal{D}(A^\dagger) = \mathcal{R}(A) \oplus \mathcal{R}(A)^\perp \subset Y \to X \qquad (3.1.3)$$

definiert.

Satz 3.1.1. *$f = A^\dagger g$ ist die eindeutige Lösung der Normalgleichung*

$$A^*Af = A^*g \qquad (3.1.4)$$

in $\overline{\mathcal{R}(A^*)}$.

B e w e i s . 1. Sei $g \in \mathcal{D}(A^\dagger)$. Dann läßt sich g darstellen als $g = g_1 + g_2$ mit $g_1 \in \mathcal{R}(A), g_2 \in \mathcal{R}(A)^\perp$. Wegen

$$J^2(u) = \|Au - g_1\|^2 + \|g_2\|^2$$

ist für das minimierende f also

$$J(f) = \|g_2\|$$

und

$$Af = g_1.$$

Daraus folgt

$$<Af - g, Au> = -<g_2, Au> = 0$$

da $g_2 \in \mathcal{R}(A)^\perp$ ist. Anwendung des adjungierten Operators liefert so die Normalgleichung

$$<A^*Af - A^*g, u> = 0 \; \textit{für alle } u \in X.$$

2. Unter allen Lösungen der Normalgleichung hat $f \in \mathcal{N}(A)^\perp = \overline{\mathcal{R}(A^*)}$ kleinste Norm, denn sei

$$h = f + f_0 \; \textit{mit } f_0 \in \mathcal{N}(A),$$

dann ist natürlich $<f, f_0> = 0$ und $Ah = Af$, aber

$$\|h\|^2 = \|f + f_0\|^2 = \|f\|^2 + \|f_0\|^2 > \|f\|^2$$

für $f_0 \neq 0$.

∎

Einige offensichtliche Eigenschaften der verallgemeinerten Inversen sollen im folgenden zusammengestellt werden.

Bemerkung. Ist $A \in L(X,Y)$, so gilt
1.
$$\mathcal{N}(A^\dagger) = \mathcal{R}(A)^\perp;$$
2.
$$\mathcal{R}(A^\dagger) = \mathcal{N}(A)^\perp = \overline{\mathcal{R}(A^*)};$$
3. $A^\dagger$ ist linear ;
4. $A^\dagger$ ist stetig genau dann, wenn $\mathcal{R}(A)$ abgeschlossen ist.

Im Falle kompakter Operatoren läßt sich die verallgemeinerte Inverse mit Hilfe der Singulärwertzerlegung angeben.

Satz 3.1.2. *Sei $A \in K(X,Y)$ mit singulärem System $\{v_n, u_n; \sigma_n\}$. Dann ist für $g \in \mathcal{D}(A^\dagger)$*
$$A^\dagger g = \sum_{\sigma_n > 0} \sigma_n^{-1} <g, u_n> v_n. \tag{3.1.5}$$

B e w e i s . 1. Sei $g \in \mathcal{R}(A) \oplus \mathcal{R}(A)^\perp$. Dann ist
$$g = Af + z \text{ mit einem } f \in X \text{ und } z \in \mathcal{R}(A)^\perp.$$
Somit gilt
$$\begin{aligned} <g, u_n> &= <Af, u_n> + <z, u_n> \\ &= <f, A^* u_n> \\ &= \sigma_n <f, v_n>. \end{aligned}$$
Daher konvergiert für alle $g \in \mathcal{D}(A^\dagger)$ die Reihe
$$f^\dagger = \sum \sigma_n^{-1} <g, u_n> v_n$$
$$= \sum_n <f, v_n> v_n.$$

2. Die Anwendung von A^*A liefert
$$A^* A f^\dagger = \sum_n \sigma_n^{-1} <g, u_n> A^* A v_n = \sum_n \sigma_n <g, u_n> v_n$$
$$= A^* g.$$
$f^\dagger$ löst also die Normalgleichung.

3. Da $f^\dagger \in \overline{\mathcal{R}(A^*)}$, folgt wegen Satz 3.1.1, daß $f^\dagger = A^\dagger g$.

∎

Der Nachweis der Eigenschaften 1 − 3 aus obiger Bemerkung ist für kompakte Operatoren mit der hier angegebenen Darstellung der verallgemeinerten Inversen trivial, zum Beweis von Teil 4 benutzen wir das Picard - Kriterium, siehe Satz 2.1.4.

Korollar 3.1.3. *Sei*

$$P_{\overline{\mathcal{R}(A)}} : Y \to Y$$

die Projektion von Y auf $\overline{\mathcal{R}(A)}$. Dann gilt für $g \in Y$

$$P_{\overline{\mathcal{R}(A)}} g = \sum <g, u_n> u_n.$$

Ist $g \in \mathcal{D}(A^\dagger)$, so gilt

$$P_{\overline{\mathcal{R}(A)}} g = A A^\dagger g.$$

3.2 Klassifizierung schlecht gestellter Probleme

Die im letzten Abschnitt angegebene Darstellung der verallgemeinerten Inversen mittels der Singulärwertzerlegung bietet die Möglichkeit, schlecht gestellte Probleme zu klassifizieren. Es treten Glieder auf der Form

$$\sigma_n^{-1} <g, u_n> v_n.$$

Sind die g mit Datenfehlern behaftet und die σ_n klein, so werden diese Anteile des Fehlers verstärkt. Wie stark das geschieht, hängt vom Fallen der Singulärwerte ab. Die σ_n ermöglichen somit eine Aussage über den Operator. Daneben wollen wir Zusatzinformation in Form von Glattheitsaussagen über die Lösung berücksichtigen, um qualitative Aussagen über das Fehlerverhalten zu gewinnen. Bedingungen dieser Art sind für Konvergenzuntersuchungen zu erwarten; um zu zeigen, daß der Differenzenquotient gegen die Ableitung konvergiert, genügt es zu wissen, daß die betrachtete Funktion differenzierbar ist. Um die Konvergenzgeschwindigkeit zu berechnen, benötigen wir Differenzierbarkeit höherer Ordnung.

Entsprechend wollen wir hier Zusatzinformation beschreiben durch

$$f \in X_\nu = \mathcal{R}((A^*A)^{\nu/2}) = \mathcal{N}(A)^\perp \cap \mathcal{D}((A^*A)^{-\nu/2}) \,, \; \nu > 0.$$

Somit ist die Reihe

$$\sum_n \sigma_n^{-2\nu} |<f, v_n>|^2$$

konvergent. Die Stärke der Zusatzinformation wollen wir immer relativ zum Fallen der Singulärwerte betrachten. Das führt zu folgender Definition.

Definition 3.2.1. *Sei $A \in K(X,Y)$ nicht degeneriert mit singulärem System*

$$\{v_n, u_n; \sigma_n\}_{n \in \mathbb{N}}.$$

1. *Existiert $\alpha > 0$, so daß $\sigma_n = \mathcal{O}(n^{-\alpha})$, dann nennen wir den Operator A schlecht gestellt von der Ordnung α.*
2. *Existiert $\rho > 0$, so daß $|\ln \sigma_n| \geq cn^\rho$, so nennen wir den Operator exponentiell schlecht gestellt .*
3. *Ist der Operator schlecht gestellt von der Ordnung α und die Lösung des ungestörten Problems $f \in X_\nu$ mit $\nu = \beta/\alpha$, $\beta > 0$, so nennen wir das Problem schlecht gestellt von der Ordnung (α, β).*

Diese Klassifizierung ist für lineare Probleme möglich, da hier eine Singulärwertzerlegung existiert. Eine andere Methode zur Klassifizierung der Schlechtgestelltheit bietet die Verwendung der Sobolev-Räume, bei denen die Differenzierbarkeitseigenschaften der Funktionen berücksichtigt wird.

Bei der Definition mithilfe der Singulärwertzerlegung haben wir das Fallen der Singulärwerte zugrunde gelegt, hier betrachten wir die Glättungseigenschaften des Operators. Wir vergleichen für $A : L_2 \to L_2$ die Norm von Af mit der Norm von f. Wenn es Konstanten c_1, c_2 gibt mit

$$c_1 \|f\|_{H^{-\alpha}} \leq \|Af\| \leq c_2 \|f\|_{H^{-\alpha}}$$

oder

$$c_1 \|f\|_{L_2} \leq \|Af\|_{H^\alpha} \leq c_2 \|f\|_{L_2},$$

dann ist das Bild Af um α Stufen glatter als das Urbild f. Haben wir eine Singulärwertzerlegung mit $X = L_2$, so können wir insbesondere schließen

$$\|Av_n\|_{H^\alpha} = \sigma_n \|u_n\|_{H^\alpha} \simeq \|v_n\|_{L_2} = 1,$$

also

$$c_1 \sigma_n^{-1} \leq \|u_n\|_{H^\alpha} \leq c_2 \sigma_n^{-1}.$$

Für kleine Singulärwerte müssen die zugehörigen u_n stark oszillieren, damit die H^α - Norm groß wird. Die entsprechende Überlegung für A^* liefert das gleiche Ergebnis für die Funktionen v_n. Zu kleinen Singulärwerten gehören also bei schlecht gestellten Operatoren stark oszillierende singuläre Funktionen, im Gegensatz etwa zu elliptischen Differentialoperatoren. Im Spezialfall $u_n(x) = e^{inx}$ kann man sofort ablesen, daß aus der Glättung um α Stufen folgt, daß $\sigma_n = \mathcal{O}(n^{-\alpha})$ gilt. Dann sind die beiden Zugänge zur Klassifizierung der Schlechtgestelltheit der Operatoren äquivalent. Entsprechend wird die Zusatzinformation über die Lösung durch $f \in H^\beta$ mit positivem β formuliert.

Als nächstes wollen wir die Norm eines Elementes f abschätzen, wenn die "Daten" $\|Af\| \leq \varepsilon$ sind, und wenn wir wissen, daß $f \in X_\nu$ mit $\|f\|_\nu \leq \rho$ ist. Die übliche Bezeichnung "schlimmster Fehler" wird aber erst im nächsten Abschnitt verständlich.

Definition 3.2.2. Als *s c h l i m m s t e n   F e h l e r* (*worst case error*) bei der Lösung von $Af = g$ bezeichnen wir

$$e_\nu(\varepsilon, \rho) = \sup\{\|f\| : f \in \mathcal{N}(A)^\perp, \|Af\| \leq \varepsilon, \|f\|_\nu \leq \rho\}. \tag{3.2.1}$$

Satz 3.2.3.
i) Sei
$$\varepsilon > \|A\|^{\nu+1}\rho.$$

Dann gilt
$$e_\nu(\varepsilon,\rho) = e_\nu(\|A\|^{\nu+1}\rho,\rho) = \|A\|^\nu \rho.$$

ii) Sei
$$\varepsilon \leq \|A\|^{\nu+1}\rho.$$

a) Existiert ein σ_n mit $\sigma_n = (\frac{\varepsilon}{\rho})^{1/(\nu+1)}$, so gilt
$$e_\nu(\varepsilon,\rho) = \varepsilon^{\nu/(\nu+1)} \cdot \rho^{1/(\nu+1)} = \sigma_n^\nu \rho. \tag{3.2.1}$$

b) Ist $\sigma_n \neq (\frac{\varepsilon}{\rho})^{1/(\nu+1)}$ für alle n, so gilt
$$e_\nu(\varepsilon,\rho) \geq \varepsilon^{\nu/(\nu+1)} \cdot \rho^{1/(\nu+1)} \frac{\sigma_{n+1}}{\sigma_n}$$

wobei n so gewählt ist, daß
$$\sigma_{n+1} < (\frac{\varepsilon}{\rho})^{1/(\nu+1)} < \sigma_n. \tag{3.2.2}$$

Mit den Bezeichnungen des Satzes 2.2.3 erhalten wir für $\theta = (\nu+1)^{-1}$ und $\mu = -1$ die Abschätzung
$$\|f\| \leq \|f\|_\nu^\theta \|f\|_{-1}^{1-\theta},$$
also
$$e_\nu(\varepsilon,\rho) \leq \varepsilon^{\nu/(\nu+1)} \cdot \rho^{1/(\nu+1)}. \tag{3.2.3}$$

Ist ρ so groß, daß die Restriktion $\|Af\| \leq \varepsilon$ aktiv wird, so erhalten wir für abzählbar viele Fälle, nämlich die in ii a), daß die Schranke angenommen wird. Ansonsten ist insbesondere bei kleinem ε wegen der Kompaktheit von A der Faktor σ_{n+1}/σ_n für polynomial schlecht gestellte Operatoren in der Nähe von 1, die untere Schranke von e_ν ist fast so groß wie die obere.

B e w e i s des Satzes. i) Aus Satz 2.3.4 folgt
$$\|f\|_{-1} = \|Af\| \leq \|A\|^{\nu+1} \|f\|_\nu$$
$$\leq \|A\|^{\nu+1}\rho.$$
Für
$$M_\nu(\varepsilon,\rho) = \{f \in \mathcal{N}(A)^\perp : \|Af\| \leq \varepsilon, \|f\|_\nu \leq \rho\}$$
ist $M_\nu(\varepsilon,\rho) = M_\nu(\|A\|^{\nu+1}\rho,\rho)$ für alle $\varepsilon \geq \|A\|^{\nu+1}\rho$.

Wegen (3.2.3) genügt es, ein $f \in M_\nu(\varepsilon,\rho)$ zu konstruieren, für das Gleichheit in (3.2.3) herrscht. Sei $f = f_1 v_1$. Dann gilt

$$\|f\|_\nu^2 = \sigma_1^{-2\nu} f_1^2 = \rho^2$$

für $f_1^2 = \sigma_1^{2\nu} \rho^2$. Offensichtlich ist für dieses f

$$\|f\|_{-1}^2 = \sigma_1^2 f_1^2 = \sigma_1^{2\nu+2} \rho^2 = \|A\|^{2(\nu+1)} \rho^2 \leq \varepsilon^2$$

also ist $f \in M_\nu(\varepsilon,\rho)$. Die Norm von f ist

$$\|f\|^2 = f_1^2 = \sigma_1^{2\nu} \rho^2 = \|A\|^{2\nu} \rho^2,$$

also erhalten wir die Gleichheit in Teil i).

iia) Hier gehen wir analog zu Teil i) vor. Wir wählen $f = f_n v_n$ und erhalten

$$\|f\|_{-1}^2 = \sigma_n^2 f_n^2 = \varepsilon^2 \text{ für } f_n^2 = \sigma_n^{-2} \varepsilon^2.$$

Aus

$$\|f\|_\nu^2 = \sigma_1^{-2\nu} f_n^2 = \sigma_n^{-2(\nu+1)} \varepsilon^2 = \rho^2$$

nach Voraussetzung an σ_n folgt $f \in M_\nu(\varepsilon,\rho)$. Für die Norm von f gilt

$$\|f\|^2 = f_n^2 = \sigma_n^{2\nu} \rho^2$$

wie behauptet. Sei nun $\sigma_n \neq (\frac{\varepsilon}{\rho})^{1/(\nu+1)}$ für alle n. Wegen $\varepsilon \leq \|A\|^{\nu+1} \rho = \sigma_1^{\nu+1} \rho$ folgt weiter

$$(\frac{\varepsilon}{\rho})^{1/(\nu+1)} < \sigma_1.$$

Wir wählen also n so, daß

$$\sigma_{n+1} < (\frac{\varepsilon}{\rho})^{1/(\nu+1)} < \sigma_n.$$

Die Wahl von $f = f_n v_n$ führt mit

$$\|f\|_{-1}^2 = \sigma_n^2 f_n^2 = \varepsilon^2$$

wieder zu $\|f\|_\nu^2 = \sigma_n^{-2\nu} f_n^2 = \sigma_n^{-2(\nu+1)} \varepsilon^2 < \rho^2$ wegen der Wahl von n. Also ist $f \in M_\nu(\varepsilon,\rho)$, und es folgt

$$\begin{aligned}
e_\nu^2(\varepsilon,\rho) \geq \|f\|^2 &= f_n^2 = \sigma_n^{-2} \varepsilon^2 \\
&= (\frac{\varepsilon}{\rho})^{-2/(\nu+1)} \varepsilon^2 \cdot (\frac{\varepsilon}{\rho})^{2/(\nu+1)} \sigma_n^{-2} \\
&= (\varepsilon^{\nu/(\nu+1)} \cdot \rho^{1/(\nu+1)})^2 \cdot \left(\frac{\varepsilon^{1/(\nu+1)}}{\rho^{1/(\nu+1)} \sigma_n}\right)^2.
\end{aligned}$$

Aus

$$\sigma_{n+1} < (\frac{\varepsilon}{\rho})^{1/(\nu+1)} < \sigma_n$$

folgt
$$\frac{\sigma_{n+1}}{\sigma_n} < \left(\frac{\varepsilon}{\rho}\right)^{1/(\nu+1)}\sigma_n^{-1} < 1$$
und das liefert die untere Schranke in der Behauptung.

∎

Bei gut gestellten Problemen läßt sich der Datenfehler immer abschätzen durch

$$\|A^{-1}\|\varepsilon.$$

Der Fehler e_ν ist von der gleichen Ordnung wie der Datenfehler. Bei schlecht gestellten Problemen ist das nicht der Fall. Diese lassen sich nun wie folgt weiter unterteilen. Da der Fehler im Resultat abgeschätzt wird durch

$$c\varepsilon^{\nu/(\nu+1)} = c\varepsilon^{\beta/(\alpha+\beta)},$$

wenn wir für $\nu = \frac{\beta}{\alpha}$ mit α, β aus Definition 3.2.1 setzen, so stellen wir fest, daß man im Ergebnis etwa

$$\frac{\beta}{\alpha+\beta} \times 100\%$$

der Genauigkeit in den Daten erreicht.

Definition 3.2.4.
1. Ist $\beta \gg \alpha$, also $\beta/(\alpha+\beta) \simeq 1$, so ist das Problem s c h w a c h s c h l e c h t g e s t e l l t .
2. Ist $\beta \simeq \alpha$, also $\beta/(\alpha+\beta) \simeq \frac{1}{2}$, so ist das Problem m ä ß i g s c h l e c h t g e s t e l l t .
3. Ist $\beta \ll \alpha$, also $\beta/(\alpha+\beta) \simeq 0$, so ist das Problem s t a r k s c h l e c h t g e s t e l l t .

Beispiele hierfür sind der Reihe nach
1. Differentiation einer glatten Funktion,
2. Radon Transformation mit Anwendung in der Computer-Tomographie ($\alpha = \beta = 1/2$),
3. Fredholmsche Integralgleichung mit glattem Kern und nicht glatter Lösung.

Daneben treten natürlich die eingangs erwähnten exponentiell schlecht gestellten Probleme auf, wie etwa das Rückwärtsrechnen bei der Wärmeleitungsgleichung, siehe Beispiel 2.1.7.

3.3 Regularisierung schlecht gestellter Probleme

Bei nicht degenerierten Operatoren ist der Wertebereich unendlichdimensional und nicht abgeschlossen, somit ist die verallgemeinerte Inverse nicht stetig. Einen Ersatz für die Stetigkeit verschaffen wir uns durch Regularisierung von $A^\dagger$.

Definition 3.3.1. *Eine R e g u l a r i s i e r u n g von $A^\dagger$ ist eine Familie von Operatoren*

$$\{T_\gamma\}_{\gamma>0},\ T_\gamma : Y \to X$$

mit folgender Eigenschaft :

es existiert eine Abbildung $\gamma : \mathbb{R}_+ \times Y \to \mathbb{R}_+$, so daß für alle $g \in \mathcal{D}(A)$ und für alle $g^\varepsilon \in Y$ mit $\|g - g^\varepsilon\| \le \varepsilon$ gilt

$$\lim_{\substack{\varepsilon \to 0 \\ g^\varepsilon \to g}} T_{\gamma(\varepsilon, g^\varepsilon)} g^\varepsilon = A^\dagger g.$$

Sind alle T_γ linear, so nennen wir $\{T_\gamma\}$ eine l i n e a r e R e g u l a r i s i e r u n g . γ nennen wir R e g u l a r i s i e r u n g s p a r a m e t e r , den wir so wählen, daß

$$\lim_{\substack{\varepsilon \to 0 \\ g^\varepsilon \to g}} \gamma(\varepsilon, g^\varepsilon) = 0$$

ist.

Hängt γ nicht von g^ε ab, so sprechen wir von einer a — p r i o r i Parameterwahl, andernfalls von einer a — p o s t e r i o r i Parameterwahl.

Vergleichen wir $T_\gamma g^\varepsilon$ mit der verallgemeinerten Lösung $A^\dagger g$, so sehen wir

$$\|T_\gamma g^\varepsilon - A^\dagger g\| \le \|T_\gamma g^\varepsilon - T_\gamma g\| + \|T_\gamma g - A^\dagger g\|.$$

Wählen wir γ als Funktion von ε und g^ε, so folgt aus $\gamma(\varepsilon, g^\varepsilon) \to 0$ mit der punktweisen Konvergenz von T_γ gegen $A^\dagger$, daß der zweite Term gegen Null geht. Weiter ist $\gamma = \gamma(\varepsilon, g^\varepsilon)$ so zu bestimmen, daß

$$\lim_{\varepsilon \to 0} \|T_{\gamma(\varepsilon, g^\varepsilon)} g^\varepsilon - T_{\gamma(\varepsilon, g^\varepsilon)} g\| = 0.$$

Dann gilt, wenn die Daten immer exakter bereitgestellt werden, daß die Näherungslösung gegen die verallgemeinerte Lösung konvergiert.

Spezielle Regularisierungsverfahren für kompakte Operatoren erhalten wir ausgehend von der Spektralzerlegung

$$Af = \sum_n \sigma_n <f, v_n> u_n$$

und der Darstellung der verallgemeinerten Inversen

$$A^\dagger g = \sum_{\sigma_n > 0} \sigma_n^{-1} <g, u_n> v_n.$$

Für reellwertige Funktionen F_γ auf den Singulärwerten von A definieren wir

$$T_\gamma g = \sum_n \sigma_n^{-1} F_\gamma(\sigma_n, g) <g, u_n> v_n. \tag{3.3.2}$$

Wir bezeichnen F_γ als F i l t e r . Hängt F_γ nicht von g ab, so ist T_γ eine lineare Regularisierung, andernfalls ist T_γ nichtlinear.

Im folgenden betrachten wir lineare Regularisierungen. Falls $A^\dagger$ unbeschränkt ist, gilt nach dem Satz von Banach – Steinhaus auch $\|T_\gamma\| \to \infty$ für $\gamma \to 0$.

Definition 3.3.2. *Das von g unabhängige Filter F_γ heißt* r e g u l a r i s i e r e n d
(für den Operator A), wenn gilt

$$\sup_n |F_\gamma(\sigma_n)\sigma_n^{-1}| = c(\gamma) < \infty, \tag{3.3.3}$$

$$\lim_{\gamma \to 0} F_\gamma(\sigma_n) = 1 \; punktweise \; in \; \sigma_n, \tag{3.3.4}$$

$$|F_\gamma(\sigma_n)| \leq c \; f\ddot{u}r \; alle \; \gamma \; und \; \sigma_n. \tag{3.3.5}$$

Satz 3.3.3. *Die durch ein regularisierendes Filter erzeugten Operatoren T_γ sind Regularisierungen von $A^\dagger$ mit $\|T_\gamma\| = c(\gamma)$.*

B e w e i s . Der Operator T_γ ist auf ganz Y definiert, denn wegen (3.3.3) gilt

$$\sum_n |F_\gamma^2(\sigma_n)\sigma_n^{-2}| \, |<g, u_n>|^2 \leq c(\gamma) \sum_n |<g, u_n>|^2 < \infty$$

für alle $g \in Y$.

Um die Konvergenz von $T_\gamma g$ gegen $A^\dagger g$ zu zeigen, betrachten wir

$$\phi_n(\gamma) = (1 - F_\gamma(\sigma_n))^2 \, \sigma_n^{-2} \, |<g, u_n>|^2.$$

Wegen (3.3.5) ist

$$|\phi_n(\gamma)| \leq 2(1 + c^2) \, \sigma_n^{-2} |<g, u_n>|^2 = c_n(\gamma),$$

und es gilt

$$\sum_{n=1}^{\infty} c_n(\gamma) = 2(1+c^2) \sum_{n=1}^{\infty} \sigma_n^{-2} |<g,u_n>|^2$$
$$= 2(1+c^2)\|A^\dagger g\|^2$$
$$< \infty.$$

Das Weierstraß – Kriterium für gleichmäßige Konvergenz liefert dann

$$\lim_{\gamma \to 0} \sum_{n=1}^{\infty} \phi_n(\gamma) = \sum_{n=1}^{\infty} \lim_{\gamma \to 0} \phi_n(\gamma).$$

Für $g \in \mathcal{D}(A^\dagger)$ ist somit

$$\lim_{\gamma \to 0} \|A^\dagger g - T_\gamma g\|^2 = \lim_{\gamma \to 0} \sum_{n=1}^{\infty} (1 - F_\gamma(\sigma_n))^2 \sigma_n^{-2} |<g,u_n>|^2$$
$$= \sum_{n=1}^{\infty} \lim_{\gamma \to 0} (1 - F_\gamma(\sigma_n))^2 \sigma_n^{-2} |<g,u_n>|^2$$
$$= 0$$

wegen Bedingung (3.3.4). Damit folgt

$$\lim_{\gamma \to 0} T_\gamma g = A^\dagger g$$

für $g \in \mathcal{D}(A^\dagger)$.

∎

Abschätzungen für den Gesamtfehler werden wir im folgenden Abschnitt herleiten.

3.4 Optimale Regularisierungsverfahren

Das Ziel ist, verschiedene Regularisierungsverfahren zu vergleichen. Dazu betrachten wir zunächst für eine beliebige Abbildung $T: Y \to X$ den Abstand Tg^ε von der gesuchten Lösung des Problems $Af = g$, wenn wir wieder von der Zusatzinformation $f \in X_\nu$ mit $\|f\|_\nu \leq \rho$ ausgehen, und wenn der Datenfehler $\|g^\varepsilon - g\| \leq \varepsilon$ ist. Sei also

$$E_\nu(\varepsilon, \rho, T) = \sup\{\|Tg^\varepsilon - A^\dagger g\| : \|g^\varepsilon - g\| \leq \varepsilon, \|A^\dagger g\|_\nu \leq \rho\}. \tag{3.4.1}$$

Der unvermeidbare Fehler bei der Lösung des Problems $Af = g$ mit gestörten Daten und der benutzten Zusatzinformation ist dann

$$E_\nu(\varepsilon, \rho) = \inf_T E_\nu(\varepsilon, \rho, T).$$

Kein Algorithmus kann im allgemeinen Fall eine höhere Genauigkeit erreichen. Vergleichen wir E_ν mit dem in Definition 3.2.2 eingeführten schlimmsten Fehler e_ν, so stellen wir fest, daß beide Werte gleich sind.

Satz 3.4.1. *Es gilt*
$$E_\nu(\varepsilon, \rho) = e_\nu(\varepsilon, \rho). \tag{3.4.2}$$

B e w e i s . Sei f mit $\|Af\| \leq \varepsilon$ und $\|f\|_\nu \leq \rho$. Weiter sei T eine beliebige Abbildung von Y nach X. Dann gilt für $g^\varepsilon = 0$

$$E_\nu(\varepsilon, \rho, T) \geq \|Tg^\varepsilon - f\| = \|T0 - f\|.$$

Für die Lösung $-f$ des Problems $Ax = -g$ gilt ebenso $\|-f\|_\nu \leq \rho$ und $\|-g - g^\varepsilon\| = \|-g\| \leq \varepsilon$, also

$$E_\nu(\varepsilon, g, T) \geq \|Tg^\varepsilon + f\| = \|T0 + f\|,$$

und somit

$$2\|f\| \leq \|T0 - f\| + \|T0 + f\| \leq 2E_\nu(\varepsilon, \rho, T).$$

Bilden wir das Supremum über f mit $\|Af\| \leq \varepsilon$ und $\|f\|_\nu \leq \rho$, so folgt

$$e_\nu(\varepsilon, \rho) \leq E_\nu(\varepsilon, \rho, T)$$

unabhängig von T, also gilt auch

$$e_\nu(\varepsilon, \rho) \leq E_\nu(\varepsilon, \rho) = \inf_T E_\nu(\varepsilon, \rho, T).$$

Die Relation $E_\nu \leq e_\nu$ werden wir konstruktiv in Abschnitt 4.2 zeigen, siehe Satz 4.2.7. ∎

Basierend auf dem Zusammenhang zwischen e und E wollen wir die Optimalität von Verfahren definieren. Naheliegend ist natürlich, T optimal zu nennen, wenn

$$E_\nu(\varepsilon, \rho, T) = E_\nu(\varepsilon, \rho)$$

gilt. Allerdings ist dann der Nachweis der Optimalität wegen der nötigen Infimumsbildung sehr schwierig. Wesentlich leichter ist es, die in der folgenden Definition genannte Bedingung zu verifizieren. Wir benutzen Satz 3.2.3, wo wir e_ν ausgerechnet, beziehungsweise Einschließungen angegeben haben.

Definition 3.4.2. *Das von dem Parameter γ abhängige Regularisierungsverfahren T_γ heißt o p t i m a l   f ü r ν, wenn es für alle $\varepsilon > 0$ und alle $\rho > 0$ einen Parameter $\gamma = \gamma(\varepsilon, \rho)$ gibt, so daß*

$$E_\nu(\varepsilon, \rho, T_\gamma) \leq \varepsilon^{\nu/(\nu+1)} \cdot \rho^{1/(\nu+1)} \tag{3.4.3}$$

gilt.

Das Verfahren T_γ heißt o r d n u n g s o p t i m a l   f ü r ν, wenn es ein c gibt, so daß für alle $\varepsilon > 0$ und alle $\rho > 0$ einen Parameter $\gamma = \gamma(\varepsilon, \rho)$ existiert mit

$$E_\nu(\varepsilon, \rho, T_\gamma) \leq c\varepsilon^{\nu/(\nu+1)} \cdot \rho^{1/(\nu+1)}. \tag{3.4.4}$$

Das Verfahren T_γ heißt a s y m p t o t i s c h   o p t i m a l   f ü r ν, wenn für alle $\rho > 0$ gilt

$$\limsup_{\varepsilon \to 0} \inf_{\gamma > 0} \frac{E_\nu(\varepsilon, \rho, T_\gamma)}{\varepsilon^{\nu/(\nu+1)} \cdot \rho^{1/(\nu+1)}} = 1 \tag{3.4.5}$$

gilt.

Bemerkung. *Aus der Optimalität folgt die asymptotische Optimalität und daraus die Ordnungsoptimalität.*

Die asymptotische Optimalität wird dann benötigt, wenn für γ nicht alle reellen Parameter eingesetzt werden können, siehe etwa die Iterationsverfahren in Abschnitt 4.3.

Wir wollen nun hinreichende Bedingungen für optimale bzw. ordnungsoptimale Verfahren angeben.

Satz 3.4.3. *Sei F_γ ein regularisierendes Filter mit*

$$\sup_{0 < \sigma \leq \sigma_1} |\sigma^{-1} F_\gamma(\sigma)| \leq c\gamma^{-\alpha}$$

$$\sup_{0 < \sigma \leq \sigma_1} |(1 - F_\gamma(\sigma))\sigma^{\nu^*}| \leq c_{\nu^*} \gamma^{\alpha\nu^*} \tag{3.4.6}$$

für ein $\alpha > 0$. Dann ist die durch F_γ erzeugte Regularisierung mit der Parameterwahl

$$\gamma = \eta \left(\frac{\varepsilon}{\rho} \right)^{1/\alpha(\nu+1)}, \; 0 < \eta \; fest$$

ordnungsoptimal für alle ν *mit* $0 \leq \nu \leq \nu^*$. *Die Schranke für den Fehler wird minimal mit*

$$\gamma = \left(\frac{c}{\nu c_\nu} \frac{\varepsilon}{\rho} \right)^{1/\alpha(\nu+1)}, \qquad (3.4.7)$$

und es gilt

$$\|T_\gamma g^\varepsilon - A^\dagger g\| \leq (c\varepsilon)^{\nu/(\nu+1)} (c_\nu \rho)^{1/(\nu+1)} (\nu+1) \nu^{-\nu/(\nu+1)}.$$

B e w e i s . Sei $\nu \in [0, \nu^*]$ dargestellt als $\nu = \theta \nu^*$ mit $0 \leq \theta \leq 1$. Dann gilt

$$\sup_{0 \leq \sigma \leq \sigma_1} |1 - F_\gamma(\sigma)|\sigma^\nu = \sup_{0 \leq \sigma \leq \sigma_1} \{|1 - F_\gamma(\sigma)|^{1-\theta} (|1 - F_\gamma(\sigma)|\sigma^{\nu^*})^\theta\}$$
$$\leq c_0^{1-\theta} c_{\nu^*}^\theta \gamma^{\nu^* \theta}$$
$$= c_\nu \gamma^\nu.$$

Also gilt für alle $\nu \in [0, \nu^*]$ die Abschätzung in (3.4.6) mit ν^* ersetzt durch ν.

Den Gesamtfehler schätzen wir mit Hilfe der Dreiecksungleichung ab durch

$$\|T_\gamma g^\varepsilon - A^\dagger g\| \leq \|T_\gamma (g^\varepsilon - g)\| + \|(T_\gamma - A^\dagger) g\|.$$

Der Datenfehler ist dann

$$\|T_\gamma (g^\varepsilon - g)\| = \left(\sum_{\sigma_n > 0} (F_\gamma(\sigma_n)\sigma_n^{-1})^2 | <g^\varepsilon - g, u_n> |^2 \right)^{1/2}$$
$$\leq \sup_{\sigma_n > 0} |F_\gamma(\sigma_n)\sigma_n^{-1}| \varepsilon$$
$$\leq c\gamma^{-\alpha} \varepsilon.$$

Für den Filterfehler gilt

$$\|(T_\gamma - A^\dagger)g\| = \left(\sum (F_\gamma(\sigma_n) - 1)^2 \sigma_n^{-2} | <g, u_n> |^2 \right)^{1/2}$$
$$= \left(\sum (F_\gamma(\sigma_n) - 1)^2 | <f, v_n> |^2 \right)^{1/2}$$
$$= \left(\sum (F_\gamma(\sigma_n) - 1)^2 \sigma_n^{2\nu} \sigma_n^{-2\nu} | <f, v_n> |^2 \right)^{1/2}$$
$$\leq \sup_{\sigma_n > 0} |(F_\gamma(\sigma_n) - 1)\sigma_n^\nu| \cdot \|f\|_\nu$$
$$\leq c_\nu \gamma^{\alpha\nu} \rho.$$

Mit der angegebenen Wahl von γ folgt insgesamt

$$\|T_\gamma g^\epsilon - A^\dagger g\| \le c\left(\eta(\frac{\epsilon}{\rho})^{1/(\alpha(\nu+1))}\right)^{-\alpha} \epsilon + c_\nu\left(\eta(\frac{\epsilon}{\rho})^{1/(\alpha(\nu+1))}\right)^{\alpha\nu} \rho$$
$$= C\epsilon^{\nu/(\nu+1)} \cdot \rho^{1/(\nu+1)}$$

mit
$$C = c_1\eta^{-\alpha} + c_\nu\eta^{\alpha\nu},$$
also folgt die Ordnungsoptimalität des Verfahrens.

Die Schranke für den Fehler können wir minimieren, wenn wir C als Funktion von η auffassen und differenzieren. Es ist

$$C'(\eta) = -\alpha c\eta^{-\alpha-1} + \alpha\nu c_\nu\eta^{\alpha\nu-1} = 0$$

genau dann, wenn
$$c\eta^{-\alpha-1} = \nu c_\nu\eta^{\alpha\nu-1}$$

also
$$\eta^{\alpha(\nu+1)} = \frac{c}{\nu c_\nu}$$

gilt. Für dieses η ergibt sich c_3 zu

$$c^{\nu/(\nu+1)}c_\nu^{1/(\nu+1)}(\nu^{1/(\nu+1)} + \nu^{-\nu/(\nu+1)}).$$

■

Wesentlich aufwendiger wird die Untersuchung von Verfahren auf Optimalität. Hier werden wir die Berechnung der Normen aus Abschnitt 2.2 benötigen. Wir nehmen im folgenden an, daß das Filter F_γ durch Dilatation aus einer Funktion Φ hervorgeht, und zwar vermöge

$$F_\gamma(\sigma) = (\gamma^{-1}\sigma)^2\Phi(\gamma^{-1}\sigma). \tag{3.4.8}$$

Es ist
$$\|T_\gamma g^\epsilon - A^\dagger g\|^2 = \sum_{\sigma_n > 0} \left(\sigma_n^{-1}F_\gamma(\sigma_n) <g^\epsilon, u_n> - \sigma_n^{-1} <g, u_n>\right)^2$$
$$= \sum_{\sigma_n > 0} \left((1 - F_\gamma(\sigma_n))\sigma_n^{-1} <g, u_n> + \sigma_n^{-1}F_\gamma(\sigma_n) <g^\epsilon - g, u_n>\right)^2.$$

Wir setzen
$$a_{1,n} = (1 - F_\gamma(\sigma_n))\sigma_n^\nu\rho,$$
$$a_{2,n} = \sigma_n^{-1}F_\gamma(\sigma_n)\epsilon,$$
$$x_{1,n} = \frac{1}{\rho}\sigma_n^{-(\nu+1)} <g, u_n>,$$
$$x_{2,n} = \frac{1}{\epsilon} <g^\epsilon - g, u_n>.$$

Dann gilt
$$\|x_1\|_{\ell_2} = \|x_2\|_{\ell_2} = 1,$$
und Korollar 2.2.7 liefert

$$\sup\{\|T_\gamma g^\varepsilon - A^\dagger g\|^2 : \|g - g^\varepsilon\| \leq \varepsilon, \|A^\dagger g\|_\nu \leq \rho\}$$
$$= \inf_{0<t<1} \sup_{\sigma_n} \{\frac{\rho^2}{t}(1 - F_\gamma(\sigma_n))^2 \sigma_n^{2\nu} + \frac{\varepsilon^2}{1-t}\sigma_n^{-2}(F_\gamma(\sigma_n))^2\} \qquad (3.4.9)$$
$$= \inf_{0<t<1} \sup_{\sigma_n} \{\frac{\rho^2}{t}(1 - (\gamma^{-1}\sigma_n)^2 \Phi(\gamma^{-1}\sigma_n))^2 \sigma_n^{2\nu} + \frac{\varepsilon^2}{1-t}\gamma^{-4}\sigma_n^2 \Phi^2(\gamma^{-1}\sigma_n)\}.$$

Setzen wir
$$s_n := \gamma^{-1}\sigma_n$$
und
$$\psi(s) := 1 - s^2 \Phi(s),$$
so können wir weiter umformen in

$$\inf_{0<t<1} \sup_{s_n = \gamma^{-1}\sigma_n > 0} \{\frac{\rho^2}{t}\psi^2(s_n)(\gamma s_n)^{2\nu} + \frac{\varepsilon^2}{1-t}(\gamma^{-1} s_n)^2 \Phi^2(s_n)\}.$$

Führen wir auch hier die Koordinatentransformation

$$\gamma = \eta(\frac{\varepsilon}{\rho})^{1/(\nu+1)}$$

durch, so erhalten wir folgendes Ergebnis.

Lemma 3.4.4. *Sei* $F_\gamma(\sigma) = (\gamma^{-1}\sigma)^2 \Phi(\gamma^{-1}\sigma)$ *und* $\psi(s) = 1 - s^2 \Phi(s)$. *Dann gilt mit* $\gamma = \eta(\frac{\varepsilon}{\rho})^{1/(\nu+1)}$

$$\sup\{\|T_\gamma g^\varepsilon - A^\dagger g\| : \|g^\varepsilon - g\| \leq \varepsilon, \|A^\dagger g\|_\nu \leq \rho\}$$
$$= c(\eta)\varepsilon^{\nu/(\nu+1)} \cdot \rho^{1/(\nu+1)}$$

mit
$$c^2(\eta) = \inf_{0<t<1} \sup_{s_n = \gamma^{-1}\sigma_n} h(\eta, t, s_n)$$
und
$$h(\eta, t, s) = \frac{1}{t}(\eta s)^{2\nu}\psi^2(s) + \frac{1}{1-t}(\eta^{-1}s)^2 \Phi^2(s).$$

Als Vorschlag für die Wahl von γ können wir die Minimierung von h betrachten, also η soll das Minimaxproblem

$$\inf_{\eta>0} \inf_{0<t<1} \sup_{s>0} h(\eta, t, s)$$

lösen. Zur Bestimmung des Extremwertes betrachten wir die kritischen Punkte von h.

Lemma 3.4.5. *Sei ψ mit $\psi(s) = 1 - s^2\Phi(s)$ differenzierbar mit $\psi'(s) < 0$ für $s > 0$. Dann hat h aus Lemma 3.4.4 genau einen kritischen Punkt für $\eta > 0$, $0 < t < 1$, $s > 0$, nämlich*

$$\eta = \frac{1}{s} \text{ mit } s = \psi^{-1}(t) \text{ und } t = \frac{1}{\nu+1}.$$

Dort ist mit $t = 1/(\nu+1)$

$$h(\frac{1}{\psi^{-1}(t)}, t, \psi^{-1}(t)) = 1.$$

Weiter ist

$$h(\eta, t, \psi^{-1}(\frac{1}{\nu+1}))$$

strikt konvex in (η, t).

B e w e i s . Für

$$h(\eta, t, s) = \frac{1}{t}(\eta s)^{2\nu}\psi^2(s) + \frac{1}{1-t}(\eta^{-1}s)^2\Phi^2(s)$$
$$= \frac{1}{t}(\eta s)^{2\nu}\psi^2(s) + \frac{1}{1-t}(\eta s)^{-2}(1-\psi(s))^2$$

müssen wir die Extremwerte bestimmen. Die notwendige Bedingung, also das Verschwinden der ersten partiellen Ableitungen, liefert die drei Gleichungen

$$\frac{\partial h}{\partial \eta} = \frac{2\nu}{t}s^{2\nu}\eta^{2\nu-1}\psi^2(s) - \frac{2}{1-t}\eta^{-3}s^{-2}(1-\psi(s))^2 = 0$$

$$\frac{\partial h}{\partial t} = -\frac{1}{t^2}(\eta s)^{2\nu}\psi^2(s) + \frac{1}{(1-t)^2}(\eta s)^{-2}(1-\psi(s))^2 = 0$$

$$\frac{\partial h}{\partial s} = \frac{1}{t}\eta^{2\nu}(2\nu s^{2\nu-1}\psi^2(s) + 2s^{2\nu}\psi'(s)\psi(s))$$
$$- \frac{2}{1-t}(\eta s)^{-2}((1-\psi(s))\psi'(s) + s^{-1}(1-\psi(s))^2)$$
$$= 0.$$

Auflösen der ersten beiden Gleichungen nach ηs liefert

$$(\eta s)^{2\nu+2} = \frac{1}{\nu}\frac{t}{1-t}(\frac{1-\psi(s)}{\psi(s)})^2$$

und

$$(\eta s)^{2\nu+2} = (\frac{t}{1-t})^2(\frac{1-\psi(s)}{\psi(s)})^2.$$

Ein Vergleich der beiden Relationen zeigt

$$\frac{t}{1-t} = \frac{1}{\nu},$$

also

$$t = \frac{1}{\nu+1}.$$

Setzen wir dies ein, so folgt nach Auflösen der Gleichung nach ψ

$$\frac{1-\psi(s)}{\psi(s)} = \nu(\eta s)^{\nu+1}$$

und somit

$$\psi(s) = (1 + \nu(\eta s)^{\nu+1})^{-1}.$$

Die Ableitung dieser Funktion ψ ist

$$\psi'(s) = -\nu(\nu+1)\eta^{\nu+1}s^\nu(1+\nu(\eta s)^{\nu+1})^{-2}.$$

Setzen wir dies in die Ableitung von h nach s ein und multiplizieren mit $(1+\nu(\eta s)^{\nu+1})^3$, so ergibt sich mit $\xi = \eta s$

$$\xi^{2\nu+2}(\nu + \nu^2\xi^{\nu+1} - \nu(\nu+1)\xi^{\nu+1}) = \frac{1}{\nu}(-\nu^2(\nu+1)\xi^{2\nu+2} + \nu^2\xi^{2\nu+2}(1+\nu\xi^{\nu+1}))$$

also

$$\xi^{2\nu+2}(1 - \xi^{\nu+1}) = \nu\xi^{2\nu+2}(\xi^{\nu+1} - 1)$$

und somit

$$\xi^{2\nu+2}(1+\nu)\,(1-\xi^{\nu+1}) = 0.$$

Daraus erhalten wir $\xi^{\nu+1} = 1$, und da $\xi = \eta s$ und sowohl η als auch s positiv sind, folgt $\xi = 1$ und

$$\eta = \frac{1}{s}.$$

Einsetzen in die obige Gleichung für ψ ergibt

$$\psi(s) = \frac{1}{\nu+1} \leq 1 = \psi(0).$$

Da aus $\psi'(s) < 0$ die Injektivität von ψ folgt, ist die eindeutige Lösung

$$s = \psi^{-1}(\frac{1}{\nu+1}).$$

Die Funktion h hat also genau einen kritischen Punkt mit den hier bestimmten Koordinaten.

Für festes
$$s = \psi^{-1}(\frac{1}{\nu+1})$$
ist die Funktion h in den beiden anderen Variablen strikt konvex, wie die Betrachtung der Hesse – Matrix ergibt.

∎

Für alle $t \in]0,1[$ gilt
$$h\left(\frac{1}{\psi^{-1}(t)}, t, \psi^{-1}(t)\right) = 1,$$
also insbesondere für $t = \frac{1}{\nu+1}$.

Satz 3.4.6. *Das Filter F_γ werde durch Φ erzeugt vermöge $F_\gamma(\sigma) = (\gamma^{-1}\sigma)^2 \Phi(\gamma^{-1}\sigma)$, und es gelte*
$$\sup_{\sigma>0} |\sigma^{\nu^*}(1 - F_\gamma(\sigma))| < c\gamma^{\nu^*}.$$

Die Funktion ψ mit $\psi(s) = 1 - s^2\Phi(s)$ sei differenzierbar mit $\psi'(s) < 0$ für $s > 0$. Gilt für alle $s \geq 0$

$$H(s) = (\nu+1)\{[\psi^{-1}(\frac{1}{\nu+1})]^{-2\nu} s^{2\nu}\psi^2(s) + \frac{1}{\nu}[\psi^{-1}(\frac{1}{\nu+1})]^2 s^2 \Phi^2(s)\} \leq 1, \quad (3.4.10)$$

so ist das durch F_γ erzeugte Verfahren T_γ mit der Parameterwahl

$$\gamma = (\psi^{-1}(\frac{1}{\nu+1}))^{-1}(\frac{\varepsilon}{\rho})^{1/(\nu+1)} \quad (3.4.11)$$

optimal für $\nu \leq \nu^*$

B e w e i s . Aus $\gamma = \eta(\varepsilon/\rho)^{1(/\nu+1)}$ und

$$\sup\{\|T_\gamma g^\varepsilon - A^\dagger g\| : \|g^\varepsilon - g\| \leq \varepsilon, \ \|f\|_\nu \leq \rho\}$$
$$= c(\eta)\varepsilon^{\nu/(\nu+1)} \cdot \rho^{1/(\nu+1)}$$

mit
$$c^2(\eta) = \inf_{0<t<1} \sup_{s_n = \gamma^{-1}\sigma_n} h(\eta, t, s_n)$$

folgt mit der speziellen Wahl von η und t, die sich aus dem vorangehenden Lemma ergibt, also
$$\eta = \left(\psi^{-1}(\frac{1}{\nu+1})\right)^{-1}$$

und
$$t = \frac{1}{\nu+1},$$
die Abschätzung
$$\begin{aligned}c^2(\eta) &\leq \sup_{s_n} h((\psi^{-1}(\frac{1}{\nu+1}))^{-1}, \frac{1}{\nu+1}, s_n) \\ &= \sup_{s_n} H(s_n) \\ &\leq \sup_{s} H(s) \\ &\leq 1\end{aligned}$$
nach Definition der Funktion H und der Bedingung (3.4.10). Also ist das Verfahren optimal.

∎

Satz 3.4.7 *Es gelten die Voraussetzungen und Bezeichnungen des Satzes 3.4.6. Ist*
$$H(s) > 1$$
für ein $s > 0$, dann ist das Verfahren T_γ nicht optimal.

B e w e i s . Sei $\bar{s} > 0$ mit $H(\bar{s}) > 1$. Dann ist für ein $\vartheta > 0$
$$\begin{aligned}1 + \vartheta &= H(\bar{s}) \\ &= h((\psi^{-1}(\frac{1}{\nu+1}))^{-1}, \frac{1}{\nu+1}, \bar{s}) \\ &\leq \sup_{s>0} h((\psi^{-1}(\frac{1}{\nu+1}))^{-1}, \frac{1}{\nu+1}, s).\end{aligned}$$
Es existiert eine Umgebung (η, t) von
$$((\psi^{-1}(\frac{1}{\nu+1}))^{-1}, \frac{1}{\nu+1})$$
wo dann auch
$$h(\eta, t, \bar{s}) \geq 1 + \frac{\vartheta}{2}$$
ist für alle (η, t) aus dieser Umgebung. Wegen der strikten Konvexität von
$$h(\eta, t, \psi^{-1}(\frac{1}{\nu+1}))$$
und
$$h((\psi^{-1}(\frac{1}{\nu+1}))^{-1}, \frac{1}{\nu+1}, \psi^{-1}(\frac{1}{\nu+1})) = 1$$

ist außerhalb dieser Umgebung

$$h(\eta, t, \psi^{-1}(\frac{1}{\nu+1})) \geq 1 + \vartheta'$$

mit $\vartheta' > 0$. Insgesamt gilt dann

$$\inf_{\eta>0} \inf_{0<t<1} \sup_{s>0} h(\eta, t, s) \geq 1 + \min(\frac{\vartheta}{2}, \vartheta')$$
$$> 1.$$

Da h gegen Unendlich strebt für festes s und $\eta \to 0$, $\eta \to \infty$, $t \to 0$ und $t \to 1$, liefern die Infimumsbildungen Argumente im Innern der zulässigen Bereiche.

Weiter gilt für festes (η, t), daß $h(\eta, t, s) \to 0$ für $s \to 0$ geht. Wegen

$$\psi^2(s) s^{2\nu^*} = (1 - s^2 \Phi(s))^2 s^{2\nu^*}$$
$$= |1 - F_\gamma(\gamma s)|^2 s^{2\nu^*}$$
$$\leq c_{\nu^*}.$$

folgt, daß für $\nu < \nu^*$ die Funktion $\psi^2(s) s^{2\nu}$ gegen Null konvergiert für $s \to \infty$. Insgesamt geht dann auch h gegen 0.

Also wird im Falle $\nu < \nu^*$ der Extremalwert für ein

$$(\eta^*, t^*, s^*) \in]0, \infty[\times]0, 1[\times]0, \infty[$$

angenommen. Es ist damit

$$\inf_{\gamma>0} \sup\{\|T_\gamma g^\varepsilon - A^\dagger g\| : \|g^\varepsilon - g\| \leq \varepsilon, \|A^\dagger g\|_\nu \leq \rho\}$$
$$= \inf_{\eta>0} \inf_{0<t<1} \sup_{s_n = \gamma^{-1}\sigma_n} h(\eta, t, s_n) \varepsilon^{\nu/(\nu+1)} \cdot \rho^{1/(\nu+1)}$$
$$\leq \inf_{\eta>0} \inf_{0<t<1} \sup_{s>0} h(\eta, t, s) \varepsilon^{\nu/(\nu+1)} \cdot \rho^{1/(\nu+1)}$$
$$> \varepsilon^{\nu/(\nu+1)} \cdot \rho^{1/(\nu+1)}.$$

Gleichheit bei den Extremalbildungen tritt auf, wenn es ein s_n gibt mit

$$s_n = s^*.$$

Wegen
$$s_n = \gamma^{-1} \sigma_n$$
und
$$\gamma^* = \eta^* (\frac{\varepsilon}{\rho})^{1/(\nu+1)},$$

muß also ein Singulärwert σ_n existieren mit

$$s^* = (\gamma^*)^{-1}\sigma_n,$$

also

$$\sigma_n = \gamma^* s^* = \eta^* \rho^{-1/(\nu+1)} \varepsilon^{1/(\nu+1)} s^*.$$

Da η^*, s^* unabhängig von ε und ρ gewählt wurden, gilt also für die Folge ε_n mit

$$\varepsilon_n = (\eta^*)^{\nu+1} \rho (s^*)^{\nu+1} \sigma_n^{\nu+1},$$

daß

$$\inf_\gamma \sup\{\|T_\gamma g^{\varepsilon_n} - A^\dagger g\| : \|g^{\varepsilon_n} - g\| \leq \varepsilon_n, \|f\| \leq \rho\} > \varepsilon^{\nu/(\nu+1)} \cdot \rho^{1/(\nu+1)}$$

ist, das Verfahren ist also nicht optimal.

Es bleibt noch der Fall $\nu = \nu^*$ zu betrachten. Es gilt nicht mehr notwendigerweise, daß $h(\eta, t, s)$ gegen 0 geht für $s \to \infty$, der Extremwert braucht also nicht mehr angenommen zu werden. In diesem Falle bestimmen wir s^* so, daß

$$\inf_{\eta>0} \inf_{0<t<1} h(\eta, t, s^*)$$

$$\geq \inf_{\eta>0} \inf_{0<t<1} \sup_{s>0} h(\eta, t, s) - \delta$$

$$> 1$$

für ein positives δ gilt. Die gleichen Überlegungen wie oben liefern die Behauptung. ∎

3.5 Wahl des Regularisierungsparameters

Bei der praktischen Realisierung der Regularisierungsverfahren spielt die Wahl des geeigneten Parameters eine entscheidende Rolle. Die im letzten Abschnitt gefundenen Werte hängen vom Fehlerniveau ε ab, und es tritt eine Norm der gesuchten Funktion f auf. Da dieser Wert natürlich nicht bekannt ist, muß ein anderer Weg zur Bestimmung eines geeigneten Parameters gefunden werden.

Die " einfachste " Möglichkeit ist " trial and error ". Man löst das Problem $Af = g$ für einige Modellfälle und benutzt dann den durch Vergleich der Resultate gefundenen Parameter. Aussagen über die Güte der Lösungen sind dann allerdings nicht möglich.

Wir wollen im folgenden eine Wahl des Regularisierungsparameters diskutieren, die in Abhängigkeit der Daten g^ε einen Wert von γ liefert, der die Ordnungsoptimalität des Resultates garantiert. In den unterschiedlichen Realisierungen der Verfahren in Kapitel 4 muß dann jeweils der Aufwand diskutiert werden.

Wir gehen aus von dem Verfahren

$$T_\gamma g = \sum_{\sigma_n > 0} F_\gamma(\sigma_n)\sigma_n^{-1} <g,u_n> v_n,$$

und setzen wie in Satz 3.4.3 voraus, daß F_γ ein regularisierendes Filter ist mit

$$\sup_{0<\sigma\leq\sigma_1} \sigma^{-1}|F_\gamma(\sigma)| \leq c\gamma^{-\alpha} \qquad (3.5.1)$$

$$\sup_{0<\sigma\leq\sigma_1} |1 - F_\gamma(\sigma)|\sigma^\nu \leq c_\nu \gamma^{\alpha\nu} \qquad (3.5.2)$$

für

$$0 \leq \nu \leq \nu^*.$$

Wir nehmen im folgenden an, daß

$$\nu^* > 1$$

ist. Weiter sei $g \in \mathcal{R}(A)$. Dann führen wir folgende a posteriori Parameterwahl durch.

Wähle $1 < r \leq R$.

1. Ist $\|g^\varepsilon\| \leq r\varepsilon$, dann sei $\gamma = \infty$.

2. Ist $\|g^\varepsilon\| > r\varepsilon$:

    a) Wähle $\gamma \geq \varepsilon^{1/\alpha}$ mit

    $$r\varepsilon \leq \|(I - AT_\gamma)g^\varepsilon\| \qquad (3.5.3)$$

und
$$R\varepsilon \geq \|(I - AT_\gamma)g^\varepsilon\|. \tag{3.5.4}$$

b) Gibt es kein $\gamma \geq \varepsilon^{1/\alpha}$, so daß (3.5.4) gilt, so wähle

$$\gamma = \varepsilon^{1/\alpha}.$$

Im folgenden setzen wir voraus, daß für alle $\sigma \in]0, \sigma_1]$ die Abbildung

$$\gamma \mapsto |1 - F_\gamma(\sigma)|$$

stetig und monoton wachsend ist. Dann ist die Abbildung

$$\gamma \mapsto \|(I - AT_\gamma)g^\varepsilon\|$$

stetig und monoton wachsend. Aus Bedingung (3.5.1) folgt

$$\lim_{\gamma \to \infty} F_\gamma(\sigma) = 0 \;\; für\; alle\; \sigma \in]0, \sigma_1].$$

Wegen

$$\sup_{\sigma, \gamma} |F_\gamma(\sigma)| < \infty$$

folgt insgesamt

$$\|(I - AT_\gamma)g^\varepsilon\| \to \|g^\varepsilon\| \;\; für\; \gamma \to \infty.$$

Daraus ergibt sich die Durchführbarkeit der oben angegebenen a posteriori Parameterwahl. Wegen

$$|1 - F_\gamma(\sigma)| \to 1 \;\; für\; \gamma \to \infty$$

für alle $\sigma \in]0, \sigma_1]$ ergibt sich in (3.5.2) die Konstante

$$c_0 = 1,$$

und damit

$$\|I - AT_\gamma\| \leq 1.$$

Lemma 3.5.1 *Es gilt für alle $f \in \mathcal{N}(A)^\perp$:*
1. $T_\gamma A f \to f$ *für* $\gamma \to 0$.
2. $\|(I - AT_\gamma)Af\|\gamma^{-\alpha} \to 0$ *für* $\gamma \to 0$.
3. *Es sei $(\gamma_n)_{n \in \mathbb{N}}$ eine beliebige Folge positiver Zahlen. Dann sind äquivalent*
   i) $T_{\gamma_n} A f \to f$ *für* $n \to \infty$.
   ii) $AT_{\gamma_n} A f \to Af$ *für* $n \to \infty$.

B e w e i s . Aussage 1 folgt aus (3.5.1), (3.5.2) mit Satz 3.3.3, denn Af ist in $\mathcal{R}(A) \subset \mathcal{D}(A^\dagger)$, und auf $\mathcal{D}(A^\dagger)$ konvergiert das Regularisierungsverfahren punktweise gegen $A^\dagger A f = f$.

2. Sei $0 < \nu \leq \nu^* - 1$ und $f \in \mathcal{R}((A^*A)^{\nu/2})$, also

$$f = (A^*A)^{\nu/2} h,$$

dann gilt

$$\|(I - AT_\gamma)Af\|\gamma^{-\alpha} \leq c_{\nu+1} \gamma^{\alpha(\nu+1)-\alpha}$$
$$= c_{\nu+1} \gamma^{\alpha\nu}$$
$$\to 0$$

für $\gamma \to 0$. Wegen

$$\|(I - AT_\gamma)Af\|\gamma^{-\alpha} \leq c_1$$

folgt

$$\|(I - AT_\gamma)Af\|\gamma^{-\alpha} \to 0 \ \textit{für } \gamma \to 0$$

für alle $f \in \overline{\mathcal{R}((A^*A)^{\nu/2})} = \mathcal{N}(A)^\perp$.

3. " $\Rightarrow$ " folgt aus der Stetigkeit von A.

" $\Leftarrow$ " : Wir beschränken uns auf den uns interessierenden Fall

$$\gamma_n \geq k > 0 \ , \ n \in \mathbb{N}.$$

Dann ist $f_n = (I - T_{\gamma_n} A)f$ beschränkt. Wir zeigen, daß für alle Teilfolgen $N' \subset \mathbb{N}$ eine Teilfolge $N'' \subset N'$ existiert, so daß $f_n \to 0$ für $n \to \infty, n \in N''$.

Sei dazu $N' \subset \mathbb{N}$. Dann gibt es $N'' \subset N'$, $h \in X$ mit

$$f_n \rightharpoonup h \ , \ n \to \infty \ , \ n \in N'',$$

das heißt, f_n konvergiert schwach gegen h.

Es ist $h \in \mathcal{N}(A)$, denn aus der schwachen Konvergenz der f_n folgt die schwache Konvergenz von Af_n gegen Ah. Da nach Voraussetzung Af_n gegen Null konvergiert, ist $Ah = 0$, also $h \in \mathcal{N}(A)$.

Weiter gilt nach Definition der f_n

$$\|f_n\|^2 = <f_n, (I - T_{\gamma_n}A)f> = <f_n, f> - <f_n, T_{\gamma_n}Af>.$$

Die schwache Konvergenz der f_n liefert

$$<f_n, f> \to <h, f> = 0,$$

da $h \in \mathcal{N}(A)$ und $f \in \mathcal{N}(A)^\perp$. Wegen

$$T_\gamma A = (T_\gamma A)^* = A^* T_\gamma^*$$

gilt

$$|<f_n, T_{\gamma_n} Af>| = |<Af_n, T_{\gamma_n}^* f>|$$
$$\leq \|Af_n\| \, \|T_{\gamma_n}^* f\|$$
$$\to 0 \,,\, n \to \infty \,,\, n \in N''.$$

Insgesamt folgt die starke Konvergenz

$$\|f_n\| \to 0$$

für $n \to \infty, n \in N''$.

■

Satz 3.5.2 *Es seien die Voraussetzungen (3.5.1), (3.5.2) erfüllt. Für alle $\sigma \in]0,\sigma_1]$ sei $\gamma \mapsto |1 - F_\gamma(\sigma)|$ stetig und monoton wachsend. Sei $g \in \mathcal{R}(A)$, $\|g - g^\varepsilon\| \leq \varepsilon$. Der Parameter $\gamma = \gamma(\varepsilon, g^\varepsilon)$ sei gemäß obiger Parameterwahl bestimmt.*
1. *Es gilt $T_\gamma g^\varepsilon \to A^\dagger g$ für $\varepsilon \to 0$.*
2. *Seien $A^\dagger g = (A^*A)^{\nu/2} h$, $\|h\| \leq \rho$ und $0 < \nu \leq \nu^* - 1$. Dann gibt es eine von g, ε, ρ unabhängige Konstante d_ν, so daß*

$$\|A^\dagger g - T_\gamma g^\varepsilon\| \leq d_\nu \varepsilon^{\nu/(\nu+1)} \cdot \rho^{1/(\nu+1)}.$$

B e w e i s . Es gilt

$$\|A^\dagger g - T_\gamma g^\varepsilon\| \leq \|(I - T_\gamma A) A^\dagger g\| + c\gamma^{-\alpha} \varepsilon.$$

Sei $(\varepsilon_n)_{n \in \mathbb{N}}$ eine Nullfolge und

$$\gamma_n = \gamma(\varepsilon_n, g^{\varepsilon_n}).$$

1a) Gilt $\gamma_n \geq k > 0$, so folgt für hinreichend großes n mit (3.5.4)

$$\|A(I - T_{\gamma_n} A) A^\dagger g\| = \|(I - AT_{\gamma_n})g\|$$
$$\leq \|(I - AT_{\gamma_n})g^{\varepsilon_n}\| + \|(I - AT_{\gamma_n})(g - g^{\varepsilon_n})\|$$
$$\leq (R+1)\varepsilon_n$$
$$\to 0 \text{ für } n \to \infty$$

wegen Lemma 3.5.1. Mit Teil 3 des obigen Lemmas folgt also

$$(I - T_{\gamma_n}A)A^\dagger g \to 0 \text{ für } n \to \infty.$$

Da γ_n von Null weg beschränkt ist, gilt außerdem

$$\gamma_n^{-\alpha} \varepsilon_n \to 0.$$

1b) Ist γ_n nicht von Null weg beschränkt, so gibt es eine Teilfolge $N' \subset I\!N$ mit

$$\gamma_n \to 0 \text{ für } n \to \infty, \, n \in N' \subset I\!N$$

Dann folgt

$$\|(I - T_{\gamma_n}A)A^\dagger g\| \to 0$$

nach Teil 1 des Lemmas 3.5.1. Weiter gilt

$$\gamma_n^{-\alpha} \varepsilon_n \to 0 \text{ für } n \to \infty, \, n \in N',$$

denn

$$(r-1)\varepsilon \leq \|(I - AT_{\gamma_n})g^{\varepsilon_n}\| - \|(I - AT_{\gamma_n})(g - g^{\varepsilon_n})\|$$
$$\leq \|(I - AT_{\gamma_n})g\|,$$

also gilt

$$\gamma^{-\alpha}(r-1)\varepsilon \leq \|(I - AT_{\gamma_n})g\| \, \gamma^{-\alpha}. \qquad (3.5.5)$$

Wegen $g = AA^\dagger g$ folgt mit Lemma 3.5.2 Teil 2, daß

$$\gamma_n^{-\alpha} \varepsilon_n \to 0 \text{ für } n \to \infty, \, n \in N'.$$

2a) Gilt $\|g^\varepsilon\| \leq r\varepsilon$, dann ist $\|g\| \leq (r+1)\varepsilon$, also folgt

$$\|A^\dagger g - T_\infty f^\varepsilon\| = \|A^\dagger g\| \leq \rho^{1/(\nu+1)}\left((r+1)\varepsilon\right)^{\nu/(\nu+1)}$$

mit der Interpolationsungleichung aus Satz 2.3.3.

2b) Sei also $\|g^\varepsilon\| > r\varepsilon$.

i) Gilt die Bedingung (3.5.4) nicht, so wählen wir $\gamma = \varepsilon^{1/\alpha}$ und erhalten

$$\|(I - T_\gamma A)A^\dagger g\| = \|(I - T_\gamma A)(A^*A)^{\nu/2}h\|$$
$$\leq \rho c_\nu \gamma^{\alpha\nu}$$
$$= \rho c_\nu \varepsilon^\nu$$
$$\leq c_\nu^{1/(\nu+1)} \rho^{1/(\nu+1)} \varepsilon^{\nu/(\nu+1)}$$

für $\rho c_\nu \varepsilon^\nu \leq 1$, also für hinreichend kleines ε.

Gilt (3.5.4), so erhalten wir mit der Abkürzung

$$z = (I - T_\gamma A)h$$

die Abschätzung

$$\begin{aligned}
\|(I - T_\gamma A)A^\dagger g\| &= \|(I - T_\gamma A)(A^*A)^{\nu/2}h\| \\
&= \|(A^*A)^{\nu/2}z\| \\
&\leq \|A^*A^{(\nu+1)/2}z\|^{\nu/(\nu+1)} \cdot \|z\|^{1/(\nu+1)} \\
&= \|(A^*A)^{1/2}(A^*A)^{\nu/2}z\|^{\nu/(\nu+1)} \rho^{1/(\nu+1)} \\
&= \|A(I - T_\gamma A)A^\dagger g\|^{\nu/(\nu+1)} \rho^{1/(\nu+1)} \\
&= \|(I - AT_\gamma)g\|^{\nu/(\nu+1)} \rho^{1/(\nu+1)} \\
&\leq ((R+1)\varepsilon)^{\nu/(\nu+1)} \rho^{1/(\nu+1)}.
\end{aligned}$$

Somit gilt in beiden Fällen

$$\|(I - T_\gamma A)A^\dagger g\| \leq d_\nu \varepsilon^{\nu/(\nu+1)} \cdot \rho^{1/(\nu+1)}.$$

Schließlich wollen wir zeigen, daß der Regularisierungsparameter γ nicht zu klein wird. Mit (3.5.5) folgt

$$\begin{aligned}
(r-1)\varepsilon &\leq \|(I - AT_\gamma)g\| \\
&= \|(I - AT_\gamma)(A^*A)^{\nu/2}h\| \\
&\leq \rho c_{\nu+1}\gamma^{\alpha(\nu+1)}.
\end{aligned}$$

Also gilt

$$\gamma^{-\alpha(\nu+1)}\varepsilon \leq \rho c_{\nu+1}(r-1)^{-1},$$

woraus schließlich

$$\gamma^{-\alpha}\varepsilon \leq (c_{\nu+1}(r-1))^{1/(\nu+1)} \varepsilon^{\nu/(\nu+1)} \cdot \rho^{1/(\nu+1)}$$

folgt.

∎

Ein Diskrepanzprinzip läßt sich auch mit einem durch $(F_\gamma)_{\gamma>0}$ erzeugten Regularisierungsverfahren $(T_\gamma)_{\gamma>0}$ durchführen, wenn $\gamma \mapsto |1 - F_\gamma(\sigma)|$ nicht stetig ist für alle $0 < \sigma \leq \sigma_1$ ist.

Satz 3.5.3. *Es seien die Voraussetzungen (3.5.1), (3.5.2) erfüllt, und sei $\gamma \mapsto |1 - G_\gamma(\sigma)|$ monoton wachsend für alle $0 < \sigma \leq \sigma_1$. Seien $\theta > 1$ und $r > 1$. Sei weiter $g \in \mathcal{R}(A)$ und $\|g - g^\varepsilon\| \leq \varepsilon$.*

1. *Ist $\|g^\varepsilon\| \leq R\varepsilon$, so wähle $\gamma = \infty$.*

2a. *Wähle $\gamma \geq \varepsilon^{1/\alpha}$ so, daß es ein $\tilde{\gamma} \in [\gamma, \theta\gamma]$ gibt mit*

$$r\varepsilon \leq \|(I - AT_{\tilde{\gamma}})g^\varepsilon\|$$

$$\|(I - AT_\gamma)g^\varepsilon\| \leq R\varepsilon. \qquad (3.5.6)$$

2b. *Gibt es kein $\gamma \geq \varepsilon^{1/\alpha}$, so daß (3.5.6) gilt, wähle $\gamma = \varepsilon^{1/\alpha}$.*

Dann gelten die in Satz 3.5.2 gemachten Aussagen.

B e w e i s . Der Beweis verläuft analog dem von Satz 3.5.2. Man erhält Aussagen über $\tilde{\gamma}^{-\alpha}\varepsilon$, Konvergenz und Konvergenzordnung, und damit wegen $\gamma^{-\alpha} \leq \theta^\alpha \tilde{\gamma}^{-\alpha}$ auch für $\gamma^{-\alpha}\varepsilon$.

∎

3.6 Stabilisierung durch Änderung des Problems

Beruht die Schlechtgestelltheit des Problems auf der Unstetigkeit des inversen Operators, so kann durch Änderung der verwendeten Topologien Abhilfe geschaffen werden. Offensichtlich bestehen zwei Möglichkeiten.

Die Wahl einer f e i n e r e n T o p o l o g i e i n Y ermöglicht die Stetigkeit des inversen Operators. Im Falle von Hilberträumen bedeutet das aber, das die Elemente in Y, die bezüglich der induzierten Norm endlich sind, stark eingeschränkt wird. Der Hilbertraum dieser Elemente ist dann so klein, daß die in natürlicher Weise auftretenden Datenfehler nicht mehr darin enthalten sind.

Der zweite Ausweg ist die Wahl einer g r ö b e r e n T o p o l o g i e i n X . Statt Stetigkeit bezüglich der Norm in X kann man die Forderung dahingehend abschwächen, daß nur noch lineare Funktionale auf der gesuchten Lösung beschränkt sind. Das führt aber zu einer Abänderung des gesuchten Problems in folgender Weise.

Statt der Lösung f von $Af = g$ sucht man die "Momente" von f. Sei also ψ gegeben und hinreichend glatt. Es gilt

$$<\psi,f> = <\psi, A^{-1}g> = <(A^{-1})^*\psi, g> = <\Lambda, g>,$$

das heißt, man hat a — p r i o r i von der bekannten Funktion ψ die Funktion

$$\Lambda = (A^{-1})^*\psi$$

zu berechnen und dann das Skalarprodukt mit den Daten zu bilden. Offensichtlich gilt

$$|<\psi, f>| = |<\psi, A^{-1}g>| \leq \|\Lambda\| \, \|g\|,$$

also ist A^{-1} bezüglich der nun schwächeren Topologie in X stetig.

Einfachstes Beispiel ist die Differentiation. Sei

$$Af(x) = \int_0^x f(t)\,dt = g(x).$$

Dann gilt
$$<\psi, f> = <\psi, g'> = -<\psi', g>$$

und somit ist
$$\Lambda = -\psi'.$$

Ein wichtiges Anwendungsbeispiel liefert wieder die Abelsche Integralgleichung. Es ist

$$A^{-1}g(x) = \frac{1}{\pi}\frac{d}{dx}\int_0^x \frac{g(t)}{\sqrt{x-t}}\,dt.$$

Wir betrachten das Skalarprodukt

$$<f,g> = \int_0^\infty \frac{1}{x}\,f(x)\,g(x)\,dx$$

und eine hinreichend glatte Funktion ψ. Dann gilt mit $' = \frac{d}{dx}$

$$<\psi, A^{-1}g> = \frac{1}{\pi}\int_0^\infty \frac{1}{x}\psi(x)(\int_0^x \frac{g(t)}{\sqrt{x-t}}\,dt)'\,dx$$

$$= \frac{1}{\pi}\left|\frac{1}{x}\psi(x)\int_0^x \frac{g(t)}{\sqrt{x-t}}\,dt\right|_0^\infty - \frac{1}{\pi}\int_0^\infty (\frac{1}{x}\psi(x))'\int_0^x \frac{g(t)}{\sqrt{x-t}}\,dt\,dx.$$

Wegen der Glattheit von ψ verschwindet der erste Summand, Vertauschen der Integrationsreihenfolge liefert

$$<\psi, A^{-1}g> = -\frac{1}{\pi}\int_0^\infty \frac{1}{t}g(t)t\int_t^\infty (\frac{1}{x}\psi(x))'\frac{1}{\sqrt{x-t}}\,dx\,dt$$

$$= <g, \Lambda>$$

mit

$$\Lambda(t) = -\frac{t}{\pi}\int_t^\infty (\frac{1}{x}\psi(x))'\frac{1}{\sqrt{x-t}}\,dx.$$

Die Funktion Λ kann nun entweder analytisch berechnet oder mit hoher Genauigkeit und ohne Einfluß von Datenfehlern approximiert werden. Die anschließende Lösung des geänderten Problems ist dann stabil.

Man sollte also immer in den Anwendungen fragen, was mit der Lösung des schlecht gestellten Problems anschließend geschieht. Möglicherweise liegt darin der Schlüssel für eine Stabilisierung.

3.7 Bemerkungen und Literaturhinweise

Die verallgemeinerte Inverse wurde sowohl für den endlichdimensionalen Fall, also für Matrizen, als auch für Operatoren in Hilberträumen studiert. Hingewiesen sei auf die Bücher von Ben-Israel – Greville [6], Groetsch [36], Kuhnert [56]. Singulärwertzerlegungen zu ihrer Darstellung wurden schon in der grundlegenden Arbeit von Bertero – de Mol – Viano [9] benutzt.

Natterer [82] hat eine Klassifizierung schlecht gestellter Probleme in Sobolevräumen angegeben. Bei diesem Zugang, der nach Definition 3.2.1 erwähnt ist, muß zunächst die Äquivalenz der Operatornorm mit einer Sobolev – Norm nachgewiesen werden. Da die Sobolev – Normen durch den Laplace – Operator Δ erzeugt sind, ist dies bei Pseudodifferentialoperatoren wie zum Beispiel der Radon – Transformation möglich. Insbesondere ist die Angabe der Zusatzinformation $f \in H^\beta$ einfach. Wir haben hier Normen gewählt, die von dem Operator A der Gleichung $Af = g$ erzeugt werden. Dadurch wird die Wirkung der Regularisierungen anschaulicher, und die Fehlerabschätzungen sind einfacher.

In der Literatur werden Regularisierungen meist als lineare, stetige Operatoren eingeführt, siehe etwa Baumeister [5], Engl [21], Groetsch [38], Natterer [84], Tikhonov – Arsenin [113]. Da das Verfahren der konjugierten Gradienten, welches sehr gute Ergebnisse liefert, weder linear noch mit einer a – priori Parameterwahl stetig ist, siehe Abschnitt 4.3.3, haben wir hier auf die beiden Einschränkungen verzichtet. Die Darstellung der Regularisierung mittels Filter ist schon in Bertero – de Mol – Viano [9] zu finden.

Der Satz 3.4.1, $E = e$, stammt im wesentlichen von Melkmann – Micchelli [75]. Die unterschiedlichen Definitionen der Optimalität ist Vainikko [119] entnommen. Der Bezeichnung ordnungsoptimal wurde gegenüber dem auch verwendeten Begriff Quasioptimalität der Vorzug gegeben, weil letzterer bei Projektionsverfahren benutzt wird. Allerdings sind die quasioptimalen Projektionsverfahren im allgemeinen nicht in dem hier eingeführten Sinne ordnungsoptimal, siehe Abschnitt 4.5. Die Sätze 3.4.6 und 3.4.7 sind aus Vainikko [119].

Die in Abschnitt 3.5 angegebene a – posteriori Parameterwahl basiert auf den Arbeiten von Vainikko [116,117]. Bei endlich – dimensionalen Problemen ist auch das Verfahrten der " cross – validation " von Wahba [124] zu erwähnen.

4 Regularisierungsverfahren

In der Literatur ist eine Vielzahl von Regularisierungsverfahren vorgeschlagen worden. Die wichtigsten sollen hier vorgestellt und ihre gemeinsamen Aspekte analysiert werden. Die dabei benutzten Zusatzinformationen sind immer von der Form $\|g^\epsilon - g\| \leq \epsilon$ und $\|f\|_\nu \leq \rho$ für $\nu > 0$.

4.1 Bandpaß – Filter und abgeschnittene Singulärwertzerlegung

In der Ingenieurliteratur werden charakteristische Funktionen eines Intervalles Bandpaßfilter genannt. Bei symmetrischen Intervallen um die 0 spricht man von einem Tiefpaßfilter, der komplementäre Fall wird als Hochpaßfilter bezeichnet.

Wir betrachten das durch ein Filter F_γ erzeugte Verfahren T_γ mit

$$T_\gamma g = \sum_n \sigma_n^{-1} F_\gamma(\sigma_n) <g, u_n> v_n$$

und wählen F_γ so, daß der Faktor σ_n^{-1} keine extreme Verstärkung des Datenfehlers verursacht: Anteile zu kleinen Singulärwerten sollen abgeschnitten werden.

Definition 4.1.1. *Das durch das Filter*

$$F_\gamma(\sigma) = \begin{cases} 1, & \text{für } \sigma \geq \gamma; \\ 0, & \text{für } \sigma < \gamma \end{cases}$$

erzeugte Verfahren nennen wir abgeschnittene Singulärwertzerlegung.

Die Wirkung der Filter wollen wir durch Abbildungen verdeutlichen. Gezeigt werden jeweils das Filter F_γ selbst, dann der Term, der den Datenfehler verursacht, also $\sigma^{-1} F_\gamma(\sigma)$. Darstellungen des Filterfehlers sind die beiden Funktionen $|1 - F_\gamma(\sigma)|\sigma^\nu$ mit $\nu = 1, 2$. Wegen der unterschiedlichen Funktionswerte sind die Skalen in den Abbildungen verschieden.

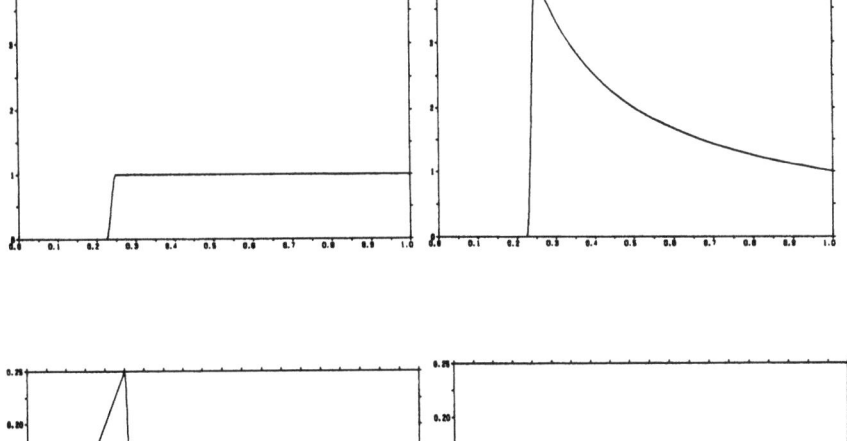

Abbildung 4.1.1. Die Funktionen F_γ links oben, $\sigma^{-1}F_\gamma(\sigma)$ rechts oben, $|1-F_\gamma(\sigma)|\sigma$ links unten und $|1-F_\gamma(\sigma)|\sigma^2$ rechts unten für $\gamma = 1/4$.

Satz 4.1.2. *Die abgeschnittene Singulärwertzerlegung ist mit der Parameterwahl*

$$\gamma = \eta\bigl(\frac{\varepsilon}{\rho}\bigr)^{1/(\nu+1)}, \ \eta \in \mathbb{R}_+,$$

ein ordnungsoptimales Regularisierungsverfahren für alle $\nu > 0$. Die Schranke für den Gesamtfehler wird minimal für

$$\gamma = \bigl(\frac{\varepsilon}{\nu\rho}\bigr)^{1/(\nu+1)},$$

und es gilt

$$\|T_\gamma g^\varepsilon - A^\dagger g\| \leq (\nu+1)\nu^{-\nu/(\nu+1)}\varepsilon^{\nu/(\nu+1)} \cdot \rho^{1/(\nu+1)}.$$

Beweis. Wir zeigen zunächst, daß F_γ ein regularisierendes Filter ist. Es gilt wegen $F_\gamma(\sigma) = 0$ für $\sigma < \gamma$
$$\sup_n |F_\gamma(\sigma_n)\sigma_n^{-1}| \leq \gamma^{-1}.$$

Mit $\gamma \to 0$ konvergiert $F_\gamma(\sigma)$ punktweise in σ gegen 1, und natürlich ist
$$|F_\gamma(\sigma)| \leq 1.$$

Aus Definition 3.3.2. folgt, daß F_γ regularisierendes Filter ist, das gemäß Satz 3.3.3 einen regularisierenden Operator T_γ mit
$$\|T_\gamma\| = \gamma^{-1}$$
erzeugt.

Zum Nachweis der Ordnungsoptimalität wenden wir Satz 3.4.3 an. Wir haben schon gezeigt, daß
$$\sup_n |F_\gamma(\sigma_n)\sigma_n^{-1}| \leq \gamma^{-1},$$
also $c = \alpha = 1$ in Formel (3.4.6). Wegen
$$\sup_{\sigma > 0} |(1 - F_\gamma(\sigma))\sigma^\nu| \leq \gamma^\nu$$
gilt $c_\nu = 1$ in (3.4.7), und somit ergibt sich aus Satz 3.4.3. die Ordnungsoptimalität mit der angegebenen Parameterwahl.

∎

Als nächstes wollen wir das Verfahren der abgeschnittenen Singulärwertzerlegung auf Optimalität untersuchen.

Satz 4.1.3. *Die abgeschnittene Singulärwertzerlegung ist nicht optimal.*

Beweis. Das Filter F_γ wird erzeugt durch die Funktion
$$\Phi(s) = \begin{cases} s^{-2}, & s \geq 1, \\ 0, & s < 1, \end{cases}$$
siehe (3.4.8), und somit ist die Funktion ψ mit $\psi(s) = 1 - s^2\Phi(s)$ eine Sprungfunktion, sie erfüllt die Voraussetzungen der Sätze 3.4.6 und 3.4.7 nicht. Allerdings ist sie so einfach, daß wir den Fehler direkt studieren können.

Wir setzen wie in Abschnitt 3.4, siehe Lemma 3.4.4, $s_n = \gamma^{-1}\sigma_n$ in

$$\sup\{\|T_\gamma g^\varepsilon - A^\dagger g\|^2 : \|g^\varepsilon - g\| \leq \varepsilon, \|A^\dagger g\|_\nu \leq \varrho\}$$

$$= \inf_{0<t<1} \sup_{\sigma_n>0} \{\frac{\varrho^2}{t}(1-F_\gamma(\sigma_n))^2\sigma_n^{2\nu} + \frac{\varepsilon^2}{1-t}\sigma_n^{-2}(F_\gamma(\sigma_n))^2\}$$

$$= \inf_{0<t<1} \sup_{\sigma_n>0} \{\frac{\varrho^2}{t}(1-F_\gamma(\sigma_n))^2\gamma^{2\nu}s_n^{2\nu} + \frac{\varepsilon^2}{1-t}\gamma^{-2}s_n^{-2}(F_\gamma(s_n))^2\}$$

$$= (\varepsilon^{\nu/(\nu+1)} \cdot \varrho^{1/(\nu+1)})^2 \inf_{0<t<1} \sup_{s_n>0} h(\eta,t,s_n)$$

wobei nach der Koordinatentransformation $\gamma = \eta\bigl(\frac{\varepsilon}{\varrho}\bigr)^{1/(\nu+1)}$ sich die Funktion h aus

$$h(\eta,t,s) = \frac{1}{t}(\eta s)^{2\nu}\psi^2(s) + \frac{1}{1-t}(\eta^{-1}s)^2\Phi^2(s)$$

ergibt zu

$$h(\eta,t,s) = \begin{cases} \frac{(\eta s)^{2\nu}}{t}, & s < 1, \\ \frac{(\eta s)^{-2}}{1-t}, & s \geq 1. \end{cases}$$

Es ist h monoton wachsend in s für $s < 1$ und monoton fallend für $s > 1$, somit

$$\sup_{s>0} h(\eta,t,s) = \max(\frac{\eta^{2\nu}}{t}, \frac{\eta^{-2}}{1-t}).$$

Das Infimum über $0 < t < 1$ tritt dort auf, wo beide Ausdrücke gleich sind. Das ist der Fall für

$$t = \frac{\eta^{2\nu+2}}{1+\eta^{2\nu+2}}$$

und wir erhalten

$$\inf_{0<t<1} \sup_{s>0} h(\eta,t,s) = \eta^{-2}(1+\eta^{2\nu+2}).$$

Es ist nun η optimal zu wählen, das heißt so, daß dieser Ausdruck minimal wird. Differenzieren nach η liefert

$$\eta^{2\nu+2} = \frac{1}{\nu}$$

und so

$$\inf_{\eta>0} \inf_{0<t<1} \sup_{s>0} h(\eta,t,s) = (1+\frac{1}{\nu})\nu^{1/(\nu+1)} = (\nu+1)\nu^{-\nu/(\nu+1)} =: c(\nu).$$

Für $0 < \nu \leq 1$ ist $\nu^{\nu/(\nu+1)} \leq 1 < 1+\nu$ und für $\nu \geq 1$ ist $\frac{\nu}{\nu+1} < 1$, also $\nu^{\nu/(\nu+1)} \leq \nu < \nu+1$. Es folgt daraus, daß $c(\nu) > 1$ für $\nu > 0$ und so wie im Beweis des Satzes 3.4.7 die Nichtoptimalität. ∎

Bei Verwendung des Abschneidefilters werden die bis auf die Datenfehler korrekten Entwicklungskoeffizienten benutzt, solange, bis der Datenfehler zu groß werden könnte.

Die im Abschnitt 3.5 in Satz 3.5.3 angegebene a—posteriori Parameterwahl ist hier besonders einfach durchzuführen. Da die abgeschnittene Singulärwertzerlegung für jedes positive ν ein ordnungsoptimales Regularisierungsverfahren ist, stellt die Bedingung an das maximal mögliche ν^*, nämlich $\nu^* > 1$, keine Einschränkung dar. Der Defekt ist

$$(I - AT_\gamma)g^\varepsilon = \sum_{\sigma_n \leq \gamma} <g^\varepsilon, u_n> v_n.$$

Ist

$$\|g^\varepsilon\| \leq R\varepsilon,$$

dann wählen wir $\gamma = \infty$, es ergibt sich die Näherungslösung

$$T_\gamma g^\varepsilon = 0.$$

Im Falle

$$\|g^\varepsilon\| > R\varepsilon$$

subtrahieren wir von $\|g^\varepsilon\|^2$ so lange die Terme

$$|<g^\varepsilon, u_n>|^2,$$

bis wir eine Zahl kleiner gleich $(R\varepsilon)^2$ erreicht haben. Der entsprechende Index $n = N$ liefert dann den a - posteriori Parameter

$$\gamma = \gamma(\varepsilon, g^\varepsilon) = \sigma_N.$$

Da zur Auswertung von $T_\gamma g^\varepsilon$ die Skalarprodukte $<g^\varepsilon, u_n>$ ebenfalls benötigt werden, ist die Parameterwahl unter minimalem Zusatzaufwand durchzuführen, in jedem Schritt kommen noch eine Multiplikation und eine Subtraktion hinzu. Da die zu subtrahierenden Zahlen gleiches Vorzeichen haben, beide sind positiv, tritt auch keine Auslöschung auf, das Verfahren ist numerisch stabil.

Vom Standpunkt der Parameterwahl liegt hier das günstigste Verfahren vor, allerdings ist zu bedenken, daß zunächst eine Singulärwertzerlegung durchgeführt werden muß.

Numerieren wir die Singulärwerte der Größe nach, also $\sigma_1 \geq \sigma_2 \geq \cdots$, so können wir statt des Filters F_γ nun die Funktion $\tilde{F}$ betrachten mit

$$\tilde{F}(n) = F_\gamma(\sigma_n).$$

Wählen wir N als maximalen Index n, für den $\sigma_n \geq \gamma$ ist, können wir das Abbrechen der Reihe auch mittels
$$\tilde{F}_N(n) = \begin{cases} 1, & n \leq N, \\ 0, & n > N, \end{cases}$$
formulieren, was der Definition des Tiefpasses entspricht.

In den in Kapitel 2 diskutierten Beispielen gehören zu σ_n mit großem n die stark oszillierenden singulären Funktionen, also der hochfrequente Anteil der Lösung, deshalb können wir $\tilde{F}$ als Tiefpaßfilter interpretieren. Das liefert den Übergang zu einer wichtigen Anwendung des Tiefpaßfilters auf Probleme mit nicht kompakten Operatoren.

Für gegebenes k betrachten wir den linearen Operator
$$Af = k * f, \tag{4.1.1}$$
wobei wir mit "$*$" die Faltung
$$Af(x) = \int_{\mathbb{R}^N} k(x-y) f(y) dy$$
bezeichnen. Wir nennen Gleichungen der Form $Af = g$ mit Operatoren der Form (4.1.1) F a l t u n g s g l e i c h u n g e n . Der Faltungssatz 2.4.4 besagt für die Fourier - Transformation
$$\mathcal{F}(f * g) = (2\pi)^{N/2} \hat{f} \cdot \hat{g},$$
er liefert eine einfache Darstellung des inversen Operators A^{-1}. Wenn wir $\hat{k}(\xi) \neq 0$ für alle ξ voraussetzen, gilt
$$(\widehat{A^{-1}g}) = (2\pi)^{-N/2} \frac{\hat{g}}{\hat{k}}.$$
Ist aber $k \in L_1(\mathbb{R}^N)$, dann ist $\hat{k}$ stetig, beschränkt und wegen des Satzes von Riemann - Lebesgue gilt
$$|\hat{k}(\xi)| \to 0 \; für \; |\xi| \to \infty.$$
Folglich ist A^{-1} nicht beschränkt. Schreiben wir mit Hilfe der inversen Fourier - Transformation
$$Af(x) = \int_{\mathbb{R}^N} \hat{k}(\xi) \hat{f}(\xi) e^{\imath <x,\xi>} \, d\xi$$
so übernehmen die ebenen Wellen $e^{\imath x \xi}$ die Rolle der Eigenfunktionen und die $\hat{k}(\xi)$ die der Eigenwerte. Wir haben so eine Zerlegung dieses nicht kompakten Operators.

Regularisieren wir die Faltungsgleichung dadurch, daß wir kleine $\hat{k}(\xi)$ eliminieren, so können wir das, wie eben bei den Singulärwerten, über das Argument, hier ξ, dort n formulieren. Wir definieren
$$T_\gamma g(x) = (2\pi)^{-N} \int_{|\xi| \leq \gamma} \hat{g}(\xi)(\hat{k}(\xi))^{-1} e^{\imath <x,\xi>} \, d\xi$$
$$= (2\pi)^{-N/2} \int_{\mathbb{R}^N} \hat{f}(\xi) F_\gamma(\xi) e^{\imath <x,\xi>} \, d\xi$$

mit dem idealen Tiefpaß

$$F_\gamma(\xi) = \begin{cases} 1, & |\xi| \leq \gamma, \\ 0, & |\xi| > \gamma. \end{cases}$$

Um den inversen Operator zu erhalten, muß also γ gegen Unendlich gehen. Es gilt

$$\widehat{(T_\gamma g)} = \hat{f} F_\gamma,$$

und aufgrund des Faltungssatzes können wir $T_\gamma g$ darstellen als

$$T_\gamma g = E_\gamma * f$$

wobei

$$\widehat{E}_\gamma = (2\pi)^{-N/2} F_\gamma. \tag{4.1.2}$$

Satz 4.1.4. *Sei $f \in H^\nu(\mathbb{R}^N)$ und $g^\varepsilon \in L_2(\mathbb{R}^N)$ so, daß $\|g - g^\varepsilon\|_{L_2} \leq \varepsilon$, dann gilt*

$$\|f - T_\gamma g^\varepsilon\|_{L_2} \leq \gamma^{-\nu} \|f\|_{H^\nu} + \sup_{|\xi| \leq \gamma} |\widehat{k}(\xi)|^{-1} \varepsilon.$$

B e w e i s . Wegen der Isometrie der Fourier-Transformation in L_2 ist

$$\begin{aligned}
\|f - T_\gamma g^\varepsilon\|_{L_2} &= \|\widehat{(f - T_\gamma g^\varepsilon)}\|_{L_2} \\
&= \left(\int_{\mathbb{R}^N} |\widehat{(f - T_\gamma g^\varepsilon)}(\xi)|^2 \, d\xi \right)^{1/2} \\
&\leq \left(\int_{|\xi| \geq \gamma} |\hat{f}(\xi)|^2 \, d\xi \right)^{1/2} + \left(\int_{|\xi| \leq \gamma} (|k(\xi)|)^{-1} |\widehat{(g^\varepsilon - g)}(\xi)|^2 \, d\xi \right)^{1/2}.
\end{aligned}$$

Die Abschätzung des Datenfehlers ist trivial. Für den Filterfehler beachten wir

$$\begin{aligned}
\int_{|\xi| \geq \gamma} |\hat{f}(\xi)|^2 \, d\xi &= \int_{|\xi| \geq \gamma} |\xi|^{-2\nu} |\xi|^{2\nu} |\hat{f}(\xi)|^2 \, d\xi \\
&\leq \sup_{|\xi| > \gamma} |\xi|^{-2\nu} \cdot \int_{\mathbb{R}^N} |\xi|^{2\nu} |\hat{f}(\xi)|^2 \, d\xi.
\end{aligned}$$

Für $\nu \geq 0$ ist

$$|\xi|^{2\nu} \leq (1 + |\xi|^2)^\nu$$

woraus die Behauptung folgt.

∎

Um die Auswirkung des Tiefpaßfilters zu diskutieren, berechnen wir die Funktion E_γ gemäß (4.1.2).

Lemma 4.1.5. *Es ist*

i) für $N = 1$
$$E_\gamma(x) = \pi^{-1} \gamma \operatorname{sinc} \gamma x \text{ wobei } \operatorname{sinc} x = \frac{\sin x}{x},$$

ii) für $N > 1$ und der Maximumnorm $|\cdot|_\infty$
$$E_\gamma(x) = \pi^{-N} \gamma^N \operatorname{sinc} \gamma x,$$

iii) für $N > 1$ und der Euklidischen Norm $|\cdot|_2$
$$E_\gamma(x) = (2\pi)^{-N/2} |x|^{-N/2} \gamma^{N/2} J_{N/2}(\gamma |x|)$$

wobei J_n die n-te Besselfunktion erster Art ist.

Beweis. Für $N = 1$ gilt
$$\begin{aligned} E_\gamma(x) &= (2\pi)^{-1} \int_{-\gamma}^{\gamma} e^{\imath x \xi} \, d\xi \\ &= (2\pi \imath x)^{-1} (e^{\imath x \gamma} - e^{-\imath x \gamma}) \\ &= (\pi x)^{-1} \sin \gamma x \\ &= \pi^{-1} \gamma \operatorname{sinc} \gamma x. \end{aligned}$$

Ist $N > 1$, so erhalten wir für die Maximumnorm die N-dimensionale sinc – Funktion
$$\operatorname{sinc} x = \prod_{j=1}^{N} \operatorname{sinc} x_j.$$

Im Falle der Euklidischen Norm gilt
$$E_\gamma(x) = (2\pi)^{-N} \int_0^\gamma \sigma^{N-1} \int_{S^{N-1}} e^{\imath \sigma <\omega, x>} \, d\omega \, d\sigma$$

wobei S^{N-1} die Sphäre im $\mathbb{R}^N$ ist. Für $N = 2$ ist mit $x = r\Theta, \Theta \in S^1$, das innere Integral mit der Darstellung
$$\omega = (\cos\varphi, \sin\varphi)^\top, \Theta = (\cos\varphi', \sin\varphi')^\top$$

gleich
$$\int_0^{2\pi} e^{\imath \sigma r \cos(\varphi - \varphi')} \, d\varphi = \int_0^{2\pi} e^{\imath \sigma r \cos \varphi} \, d\varphi = 2\pi J_0(\sigma r)$$

wobei wir die Hansen'sche Integraldarstellung der Besselfunktion J_0 benutzt haben. Es ergibt sich also mit $r = |x|$
$$\begin{aligned} E_\gamma(x) &= (2\pi)^{-1} \int_0^\gamma \sigma J_0(\sigma |x|) \, d\sigma \\ &= (2\pi)^{-1} \gamma |x|^{-1} J_1(\gamma |x|), \end{aligned}$$

siehe etwa Gradshteyn-Ryzhik, Formel 5.56.1.

Für beliebiges N muß zur Berechnung des Integrals über S^{N-1} das Funk-Hecke Theorem angewandt werden. Eine analoge Rechnung für $N > 2$ liefert dann

$$\int_{S^{N-1}} e^{i\sigma r \omega \Theta}\, d\omega = (4\pi)^{N/2-1}\Gamma(N/2-1)/(N-3)! \int_{-1}^{1}(1-t^2)^{(n-3)/2} e^{i\sigma r t}\, dt$$

$$= (2\pi)^{N/2}(\sigma r)^{1-N/2} J_{N/2-1}(\sigma r)$$

und so

$$E_\gamma(x) = (2\pi)^{-N/2} r^{1-N/2} \int_0^\gamma \sigma^{N/2} J_{N/2-1}(\sigma r)\, d\sigma$$

$$= (2\pi)^{-N/2} |x|^{-N/2} \gamma^{N/2} J_{N/2}(\gamma |x|).$$

Das Abschneiden der hohen Frequenzen, also der Frequenzen $|\xi| \geq \gamma$, bewirkt eine Faltung, also Mittelung, der gesuchten Funktion mit E_γ. Diese Funktionen E_γ haben die Eigenschaft, daß sie für kleiner werdendes γ immer "breiter" werden, man erhält also ein sehr verschwommenes Bild f, das allerdings wenig von den Datenfehlern beeinflußt wird. Für wachsendes γ wird E_γ immer "schmaler", das Bild f wird schärfer und ist stärkeren Einflüssen der Datenfehler unterworfen. Der Grenzfall $\gamma \to \infty$ liefert dann die Delta-Distribution als Grenzwert von E_γ.

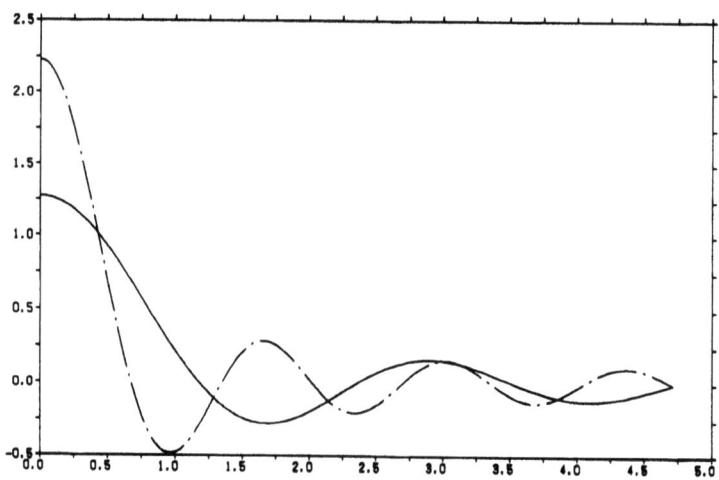

Abbildung 4.1.2. Die Funktionen $E_\gamma(x)$ für $N = 1$ und $\gamma = 4$, durchgezogene Linie, und $\gamma = 7$.

4.2 Tikhonov — Phillips Regularisierung

Ausgangspunkt dieses Verfahrens ist die Beobachtung, daß die durch Operator und Inhomogenität gegebene Information nicht ausreicht, um eine Lösung zu bestimmen. Deshalb sollen nun wieder Zusatzinformationen über die Lösung eingeführt werden.

Sei $V \subset X$, und die gesuchte Lösung liege in V. Dann können wir die Minimierung des Defektes auf V beschränken. Das heißt, wir bestimmen

$$\inf_{f \in V} \|Af - g\|.$$

Dies ist ein schwierig zu lösendes restringiertes Minimierungsproblem, das nur dann eine eindeutige Lösung hat, wenn zusätzliche Bedingungen erfüllt sind.

Im folgenden betrachten wir speziell

$$V = \{f \in X : \Omega(f) \leq \rho^2\},$$

wobei Ω eine auf $\mathcal{N}(A)$ strikt konvexe, nicht negative Funktion auf X ist. Wir überführen das restringierte Minimierungsproblem mit Hilfe eines Lagrangeschen Multiplikators in ein unrestringiertes Problem für

$$J_\gamma(f) := \|Af - g\|^2 + \gamma^2 \Omega(f).$$

Dabei nennen wir J_γ ein T i k h o n o v — P h i l l i p s   F u n k t i o n a l und $\Omega(f)$ den S t r a f t e r m . Tikhonov hatte ursprünglich $\Omega(f) = \|f\|^2$ benutzt, Phillips verwandte $\Omega(f) = \|f''\|^2$. Ist $\Omega(f)$ eine der in Kapitel 2 eingeführten Normen $\|\cdot\|_\nu^2$, so bedeutet dies, daß die gesuchte Lösung glatt ist, das heißt, die Entwicklungskoeffizienten müssen entsprechend schnell fallen. Entsprechendes gilt bei Verwendung der Sobolevnormen, die durch Differentialoperatoren erzeugt werden.

Für die Funktion f_γ, die das Funktional J_γ minimiert, gilt

$$J_\gamma(f_\gamma) \leq J_\gamma(0) = \|g\|^2 + \gamma^2 \Omega(0).$$

Das bedeutet

$$\|Af_\gamma - g\|^2 + \gamma^2 \Omega(f_\gamma) \leq \|g\|^2 + \gamma^2 \Omega(0).$$

Gilt $\Omega(0) = 0$, so sehen wir sofort, daß aus

$$\gamma^2 \Omega(f_\gamma) \leq \|g\|^2$$

folgt, daß
$$\lim_{\gamma \to \infty} \Omega(f_\gamma) = 0,$$
also
$$\lim_{\gamma \to \infty} f_\gamma = 0.$$

Große Werte von γ geben dem Strafterm mehr Gewicht, die Lösungen werden immer " glatter ". Bei kleinen Werten von γ hat der Defekt $\|Af - g\|^2$ den grösseren Einfluß auf die Lösung f_γ. Sind die Daten nur wenig gestört, dann wird man immer ein kleines γ wählen. Hat man dagegen wenig " Vertrauen " in die Daten, so erhöht man den Einfluß der Zusatzinformation durch die Wahl eines grösseren γ.

Sei nun insbesondere
$$\Omega(f) = \|Bf\|^2,$$
wobei $B : \mathcal{N}(A)^\perp \to X$ mit $\mathcal{D}(B)$ dicht in $\mathcal{N}(A)^\perp$, und $(B^*B)^{-1} : \mathcal{N}(A)^\perp \to X$ sei stetig. Es existiert also $\beta > 0$ mit
$$\|Bf\| \geq \beta \|f\|.$$
Dann ergibt sich das Tikhonov – Phillips Funktional zu
$$J_\gamma(f) = \|Af - g\|^2 + \gamma^2 \|Bf\|^2. \tag{4.2.1}$$

Satz 4.2.1. *Sei*
$$C := A^*A + \gamma^2 B^*B.$$
Dann löst das minimierende Element f_γ von J_γ aus (4.2.1) die regularisierte Normalgleichung
$$(A^*A + \gamma^2 B^*B)f_\gamma = A^*g;$$
also
$$f_\gamma = C^{-1}A^*g,$$
und
$$T_\gamma = (A^*A + \gamma^2 B^*B)^{-1}A^* \tag{4.2.2}$$
ist ein lineares Regularisierungsverfahren.

B e w e i s . Es ist $C : \mathcal{N}(A)^\perp \to X$ mit $D(C) = D(B^*B)$. Weiter ist C positiv definit, denn
$$<Cf, f> = \|Af\|^2 + \gamma^2 \|Bf\|^2 \geq \gamma^2 \beta^2 \|f\|^2,$$
und C ist selbstadjungiert.

Somit ist $T_\gamma = C^{-1}A^* : Y \to X$ stetig, und für jedes $g \in Y$ existiert

$$f_\gamma = C^{-1}A^*g.$$

Auf $\mathcal{D}(A^\dagger)$ gilt $T_\gamma g \to (A^*A)^{-1}A^*g$, also ist T_γ ein Regularisierungsverfahren.

Es bleibt zu zeigen, daß f das Funktional J_γ minimiert. Es gilt

$$J_\gamma(f) = <C(f-f_\gamma), f-f_\gamma> + \|g\|^2 - <g, Af_\gamma>, \qquad (4.2.3)$$

denn

$$<C(f-f_\gamma), f-f_\gamma> = <Cf, f> -2<Cf_\gamma, f> + <Cf_\gamma, f_\gamma>.$$

Wegen

$$Cf_\gamma = A^*g$$

ist

$$<Cf_\gamma, f> = <Af, g>$$

woraus die obige Relation folgt. Es ist nun klar, daß f_γ das Funktional J_γ minimiert.

∎

Um Aussagen über Wirkung und Ordnung des Regularisierungsverfahrens zu diskutieren, treffen wir die einschränkende Annahme, daß B^* die Darstellung

$$B^*Bf = \sum_n \beta_n^2 <f, v_n> v_n \qquad (4.2.4)$$

hat. Dies ist natürlich bei der ursprünglichen Form des Tikhonov – Phillips Verfahrens mit $B = I$ der Fall. Es folgt, daß A^*A und B^*B kommutieren. Damit läßt sich T_γ darstellen als

$$T_\gamma g = \sum_n (\sigma_n^2 + \gamma^2 \beta_n^2)^{-1} \sigma_n <g, u_n> v_n.$$

Führen wir das Filter F_γ ein als

$$F_\gamma(\sigma_n) = \frac{\sigma_n^2}{\sigma_n^2 + \gamma^2 \beta_n^2} \qquad (4.2.5)$$

so ergibt sich die Tikhonov – Phillips Regularisierung ebenfalls als Filterung der verallgemeinerten Inversen, also

$$T_\gamma g = \sum_n F_\gamma(\sigma_n) \sigma_n^{-1} <g, u_n> v_n.$$

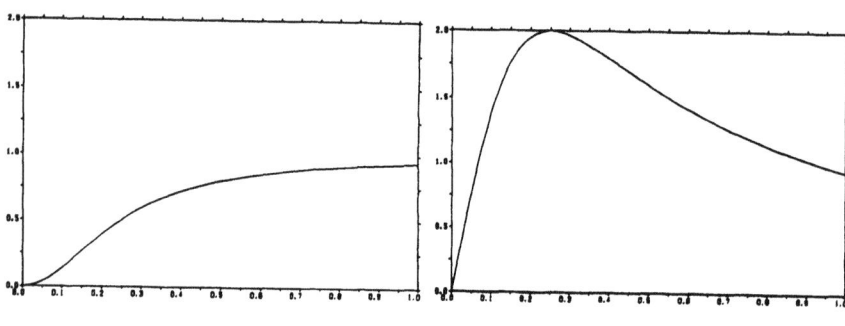
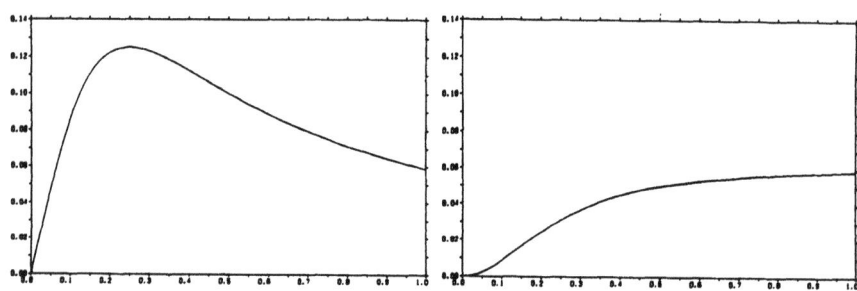

Abbildung 4.2.1. Die Funktionen F_γ links oben, $\sigma^{-1}F_\gamma(\sigma)$ rechts oben, $|1-F_\gamma(\sigma)|\sigma$ links unten und $|1-F_\gamma(\sigma)|\sigma^2$ rechts unten für $\gamma = 1/16$.

Satz 4.2.2 *Ist A kompakt, und hat B^*B die Darstellung aus (4.2.4) so ist unter der Voraussetzung*

$$\beta_n^2 \geq c\sigma_n \text{ mit } c > 0$$

das Verfahren T_γ ein Regularisierungsverfahren.

Beweis. Wir zeigen, daß F_γ ein regularisierendes Filter ist. Es gilt

$$\sup_{\sigma_n > 0} |\sigma_n^{-1} F_\gamma(\sigma_n)| = \sup_{\sigma_n > 0} \frac{\sigma_n}{\sigma_n^2 + \gamma^2 \beta_n^2}$$
$$\leq \sup_{\sigma_n > 0} \frac{\sigma_n}{\sigma_n^2 + c\gamma^2 \sigma_n}$$
$$= \sup_{\sigma_n > 0} \frac{1}{\sigma_n + c\gamma^2}$$
$$\leq c^{-1} \gamma^{-2}.$$

Weiter ist

$$\sup_{\sigma_n > 0} |F_\gamma(\sigma_n)| = \sup_{\sigma_n > 0} \frac{\sigma_n^2}{\sigma_n^2 + \gamma^2 \beta_n^2}$$
$$\leq \sup_{\sigma_n > 0} \frac{\sigma_n^2}{\sigma_n^2 + c\gamma^2 \sigma_n}$$
$$= \sup_{\sigma_n > 0} \frac{1}{1 + c\gamma^2 \sigma_n^{-1}}$$
$$\leq 1.$$

Schließlich gilt punktweise für festes n

$$\lim_{\gamma \to 0} \frac{\sigma_n^2}{\sigma_n^2 + \gamma^2 \beta_n^2} = 1,$$

also ist F_γ ein regularisierendes Filter, und das dadurch erzeugte Verfahren ist ein Regularisierungsverfahren. ∎

Eine wichtige Folgerung aus diesem Satz ist, daß im Falle kommutierender A^*A und B^*B der Operator B kompakt sein kann, aus der Bedingung $\beta_n^2 \geq c\sigma_n$ folgt die einschränkende Bedingung, daß B höchstens halb so schlecht gestellt sein darf wie der Operator A im Sinne der Definition 3.2.1.

Den Einfluß des Filters können wir wie folgt charakterisieren. Ist σ_n^2 groß im Vergleich zu $\gamma^2 \beta_n^2$, dann ist $F_\gamma(\sigma_n)$ nahe bei 1, die entsprechenden Anteile der Lösung werden nur wenig verfälscht. Ist σ_n klein, so folgt wegen der Bedingung an die β_n, daß dann auch $F_\gamma(\sigma_n)$ klein ist. Die Anteile, die einer starken Beeinflussung durch Datenfehler unterliegen, werden also weggedämpft. Im Gegensatz zur abgeschnittenen Singulärwertzerlegung werden diese Terme somit nicht weggelassen, sondern durch etwas Falsches ersetzt, das aber keinen Schaden anrichtet.

Wir wollen nun Varianten des Tikhonov – Phillips Verfahren studieren, die ordnungsoptimale Regularisierungen liefern. Wie vorher nehmen wir an, daß B^*B die spezielle

Form (4.2.4) hat, also kommutieren A^*A und B^*B. Weiter sollen sich die β_n verhalten wie $\sigma_n^{-\mu}$, das heißt, es existiert eine Konstante $\Gamma > 0$ mit

$$\Gamma \sigma_n^{-\mu} \leq \beta_n \leq \Gamma^{-1} \sigma_n^{-\mu}.$$

Damit ist
$$\|Bf\| \sim \|f\|_\mu.$$

Ist speziell $B^*B = (A^*A)^{-\mu}$, dann erhalten wir die Gleichung

$$(A^*A + \gamma^2 (A^*A)^{-\mu})f = A^*g,$$

die wir für nichtnegatives, ganzzahliges μ umschreiben in

$$((A^*A)^{\mu+1} + \gamma^2 I)f = (A^*A)^\mu A^*g.$$

Die Realisierung dieses Verfahrens ist somit für $\mu \in \mathbb{N}_0$ sehr einfach.

Der folgende Satz gibt nun eine untere Schranke für μ in Abhängigkeit von ν, die ordnungsoptimale Verfahren garantiert.

Satz 4.2.3 *Für oben definierten σ_n und β_n gelte für ein $\Gamma > 0$*

$$\Gamma \sigma_n^{-\mu} \leq \beta_n \leq \Gamma^{-1} \sigma_n^{-\mu}.$$

Ist
$$\mu \geq -\frac{1}{2},$$

dann ist das Verfahren T_γ mit

$$T_\gamma = (A^*A + \gamma^2 B^*B)^{-1} A^*$$

ordnungsoptimal für $\nu < 2\mu + 2$ mit der Parameterwahl

$$\gamma = \eta \left(\frac{\varepsilon}{\rho}\right)^{(\mu+1)/(\nu+1)}, \ \eta \in \mathbb{R}.$$

B e w e i s . Das Verfahren wird erzeugt durch

$$F_\gamma(\sigma_n) = \frac{\sigma_n^2}{\sigma_n^2 + \gamma^2 \beta_n^2}.$$

Um den Filterfehler zu diskutieren, schätzen wir ab

$$\sup_{\sigma_n} |\sigma_n^\nu (1 - F_\gamma(\sigma_n))|.$$

Aus
$$1 - F_\gamma(\sigma_n) = \frac{\gamma^2 \beta_n^2}{\sigma_n^2 + \gamma^2 \beta_n^2} = \gamma^2 \frac{1}{\sigma_n^2 \beta_n^{-2} + \gamma^2}$$

folgt
$$\sigma_n^\nu(1 - F_\gamma(\sigma_n)) = \gamma^2 \frac{\sigma_n^\nu}{\sigma_n^2 \beta_n^{-2} + \gamma^2}$$
$$\leq \gamma^2 \frac{\sigma_n^\nu}{\Gamma^2 \sigma_n^{2(\mu+1)} + \gamma^2}$$
$$= \gamma^2 \varphi_\nu(\sigma_n).$$

Die Funktion
$$\varphi_\nu(\sigma) = \frac{\sigma^\nu}{\Gamma^2 \sigma^{2(\mu+1)} + \gamma^2}$$

erfüllt $\varphi_\nu(0) = 0$. Für $\mu = (\nu/2) - 1$ ist $\varphi_\nu(\sigma) = \sigma^\nu/(\Gamma^2 \sigma^\nu + \gamma^2)$ monoton wachsend, und es gilt
$$\sup_n |\sigma_n^\nu(1 - F_\gamma(\sigma_n)| = \gamma^2 \frac{\|A\|^\nu}{\Gamma^2 \|A\|^\nu + \gamma^2}$$
$$\leq \Gamma^{-2} \gamma^2$$
$$= \Gamma^{-2} \gamma^{\nu/(\mu+1)}.$$

Für $\mu > (\nu/2) - 1$ ist $\lim_{\sigma \to \infty} \varphi(\sigma) = 0$. Die Ableitung von φ_ν verschwindet genau dann, wenn
$$(2(\mu+1) - \nu)\Gamma^2 \sigma^{2\mu+1-\nu} - \nu \gamma^2 \sigma^{-\nu-1} = 0,$$

also
$$\bar{\sigma}^{2(\mu+1)} = \frac{\nu \gamma^2}{(2(\mu+1) - \nu)\Gamma^2}$$

ist. Das Maximum von φ_ν an dieser Stelle liefert dann
$$\sup_{\sigma_n} |\sigma_n^\nu(1 - F_\gamma(\sigma_n))| \leq \gamma^2 \varphi_\nu(\bar{\sigma})$$
$$= c_\nu \gamma^{\nu/(\mu+1)}$$

mit
$$c_\nu = \left(\frac{2(\mu+1)}{2(\mu+1) - \nu}\right)^{-1} \left(\frac{\nu}{(2(\mu+1) - \nu)\Gamma^2}\right)^{\nu/2(\mu+1)}.$$

Als nächstes betrachten wir den Datenfehler
$$\sup_{\sigma_n > 0} |\sigma_n^{-1} F_\gamma(\sigma_n)| = \frac{\sigma_n}{\sigma_n^2 + \gamma^2 \beta_n^2}$$
$$\leq \frac{1}{\sigma_n + \Gamma^{-2} \gamma^2 \sigma_n^{-2\mu-1}}$$
$$= \Gamma^2 \varphi_{2\mu+1}(\sigma_n)$$

mit der oben eingeführten Funktion φ_ν und $\nu = 2\mu + 1$. Die Voraussetzung $2\mu \geq -1$ garantiert, daß $\varphi_{2\mu+1}$ für $\sigma = 0$ beschränkt ist, es gilt

$$\varphi_{2\mu+1}(0) = \begin{cases} \gamma^{-2} & \text{für } \mu = -\frac{1}{2} \\ 0 & \text{für } \mu > -\frac{1}{2} \end{cases}.$$

Für $\mu = -1/2$ ist φ_0 monoton fallend, und wir erhalten die Abschätzung

$$\sup_{\sigma_n} |\sigma_n^{-1} F_\gamma(\sigma_n)| \leq \Gamma^2 \gamma^{-2} = \Gamma^2 \gamma^{-1/(\mu+1)}.$$

Ist $\mu > -\frac{1}{2}$, so ergibt die obige Maximierung von φ

$$\bar{\sigma}^{2(\mu+1)} = \frac{(2\mu+1)\gamma^2}{(2(\mu+1) - 2\mu + 1)\Gamma^2} = (2\mu+1)\Gamma^{-2}\gamma^2,$$

also

$$\sup_{\sigma_n} |\sigma_n^{-1} F_\gamma(\sigma_n)| \leq \Gamma^2 \varphi_{2\mu+1}(\bar{\sigma})$$

$$= \Gamma^{1/(\mu+1)} c \gamma^{-1/(\mu+1)}$$

mit

$$c(\mu) = (2\mu+2)^{-1}(2\mu+1)^{(2\mu+1)/(2\mu+2)}.$$

Setzen wir in Satz 3.4.3 $\alpha = 1/(\mu+1)$, so folgt das Ergebnis.

∎

Im nächsten Schritt wollen wir optimale Verfahren untersuchen. Dazu setzen wir speziell

$$B^*B = (A^*A)^{-\mu},$$

das zugehörige Filter ist dann

$$F_\gamma(\sigma) = \frac{\sigma^2}{\sigma^2 + \gamma^2 \sigma^{-2\mu}} = \frac{1}{1 + \gamma^2 \sigma^{-2(\mu+1)}}.$$

In dieser Form können wir F_γ nicht wie in 3.4 schreiben als

$$F_\gamma(\sigma) = (\gamma^{-1}\sigma)^2 \Phi(\gamma^{-1}\sigma).$$

Führen wir δ ein als

$$\delta^{\mu+1} = \gamma,$$

so ergibt sich das Filter zu

$$F_\delta(\sigma) = \frac{1}{1 + \delta^{2(\mu+1)} \sigma^{-2(\mu+1)}}.$$

Für
$$\Phi(s) = (s^2 + s^{-2\mu})^{-1}$$
ist
$$(\delta^{-1}\sigma)^2 \Phi(\delta^{-1}\sigma) = \frac{\delta^{-2}\sigma^2}{\delta^{-2}\sigma^2 + \delta^{2\mu}\sigma^{-2\mu}} = F_\delta(\sigma).$$
Die im Satz 3.4.6 eingeführte Funktion ψ ist hier
$$\psi(s) = 1 - s^2 \Phi(s)$$
$$= \frac{s^{-2\mu}}{s^2 + s^{-2\mu}}$$
$$= \frac{1}{s^{2(\mu+1)} + 1}.$$
Es läßt sich sofort ablesen, daß
$$\psi^{-1}\left(\frac{1}{\nu+1}\right) = \nu^{1/(2(\mu+1))}$$
gilt. Die Funktion H ist dann
$$H(s) = (\nu+1)\left(\nu^{-\nu/(\mu+1)}s^{2\nu} + \nu^{-\mu/(\mu+1)}s^{4\mu+2}\right)\left(s^{2(\mu+1)} + 1\right)^{-2}.$$
Ist $\mu > -1/2$, so ist $H(0) = 0$, und aus $\nu < 2\mu + 2$ folgt
$$\lim_{s \to \infty} H(s) = 0.$$
Für $\mu = -1/2$ haben wir
$$H(0) = (\nu+1)\nu,$$
und das ist größer als 1, wenn
$$\nu > \frac{1}{2}(\sqrt{5} - 1),$$
also für diese Kombination, $\mu = -1/2$ und $\nu > \frac{1}{2}(\sqrt{5} - 1)$, ist das Verfahren zwar ordnungsoptimal, aber nicht optimal.

Wir führen nun die Transformation
$$x := \nu^{-1} s^{2(\mu+1)}$$
durch und erhalten
$$\tilde{H}(x) = (\nu+1)(1+\nu x)^{-2}\left(x^{\nu/(\mu+1)} + \nu x^{(2\mu+1)/(\mu+1)}\right).$$
Die Bedingung $H \leq 1$ transformiert sich entsprechend in
$$G(x) \geq 0$$

mit
$$G(x) = (1+\nu x)^2 - (\nu+1)(x^{q\nu} + \nu x^{2-q}), \quad q = \frac{1}{\mu+1}.$$

Die Ableitungen von G sind

$$G'(x) = 2\nu(1+\nu x) - \nu(\nu+1)(qx^{q\nu-1} + (2-q)x^{1-q}),$$
$$G''(x) = 2\nu^2 - \nu(\nu+1)(q(q\nu-1)x^{q\nu-2} + (2-q)(1-q)x^{-q}).$$

Es gilt
$$G(1) = G'(1) = 0.$$

Wegen
$$G''(1) = 2\nu^2 - \nu(\nu+1)(q(q\nu-1) + (2-q)(1-q)) < 0$$

für
$$\frac{2-\sqrt{2}}{\nu+1} < q < \frac{2+\sqrt{2}}{\nu+1}$$

folgt sofort, daß für diese q die Funktion G an der Stelle 1 sogar ein lokales Maximum hat, also ist dort die Bedingung $G > 0$ nicht erfüllt. Es ergibt sich folgendes negative Ergebnis.

Satz 4.2.4 *Das verallgemeinerte Tikhonov - Phillips Verfahren ist für*

$$(\sqrt{2}-1)(\sqrt{2}\mu-1) < \nu < (\sqrt{2}+1)(\sqrt{2}\mu+1)$$

nicht optimal für ν.

Wir haben zwar für $\mu \geq \max(-1/2, \nu/2 - 1)$ die Ordnungsoptimalität des Verfahrens, regularisieren wir aber mit einem zu starken Operator, dann ist das Verfahren nicht optimal, sondern nur ordnungsoptimal.

Die Bestimmung der Paare (μ, ν), für welche das Verfahren optimal ist, führt auf die Diskussion der oben eingeführen Funktion G. In einigen Fällen ist das einfach.

Satz 4.2.5 *Sei $\mu = -\frac{1}{2}$. Dann ist das Verfahren optimal für $\nu \leq \frac{1}{2}(\sqrt{5}-1)$. Sei $\mu = 0$. Dann ist das Verfahren optimal für $\nu \leq 2$.*

B e w e i s . Für $\mu = -\frac{1}{2}$ ist

$$G(x) = (1+\nu x)^2 - (\nu+1)(x^{2\nu} + \nu).$$

Es ist $G(0) = 1 - \nu(\nu+1) \geq 0$ für positives ν, wenn $\nu \leq \frac{1}{2}(\sqrt{5}-1)$ ist. Die zweite Ableitung

$$G''(x) = 2\nu^2 - 2\nu(\nu+1)(2\nu-1)x^{2\nu-2}$$

hat für $\nu > \frac{1}{2}$ eine positive Nullstelle, andernfalls keine Nullstelle. Wegen $G''(1) = 2\nu(1 - 2\nu^2) > 0$ hat G in 1 ein Minimum, also gilt

$$G(x) \geq 0 \; f\ddot{u}r \; x \geq 0.$$

Im Falle $\mu = 0$ ist

$$G(x) = (1 + \nu x)^2 - (\nu + 1)(x^\nu + \nu x).$$

Für $\nu = 2$ ist
$$G(x) = (x - 1)^2 \geq 0.$$

Ist $1 < \nu < 2$, so hat G'' für $x^{\nu-2} = 2\nu/(\nu^2 - 1)$ eine Nullstelle, und es gilt

$$G''(1) = \nu(1 + 2\nu - \nu^2),$$

und dies ist für $1 \leq \nu \leq 2$ positiv. Ist $0 < \nu \leq 1$, so ist $G''(x) > 0$ und so $G \geq 0$. Ist $\nu > 2$, so gilt $\lim_{x \to \infty} G(x) < 0$, also ist das Verfahren optimal für $0 \leq \nu \leq 2$.

∎

Bemerkung. Die vorangehenden Sätze zeigen, daß wir ordnungsoptimale Verfahren erhalten, wenn wir hinreichend stark regularisieren, das heißt, wenn $\nu \leq 2\mu + 2$ gilt. Die Verfahren sind sogar optimal, wenn μ nicht zu groß ist. Die Verwendung von

$$((A^*A)^{\mu+1} + \gamma^2 I)f = (A^*A)^\mu A^*g$$

liefert zudem eine einfache Realisierung dieser verallgemeinerten Tikhonov - Phillips Verfahren.

Schließlich wollen wir uns der Frage zuwenden, was passiert, wenn μ zu klein gewählt ist.

Satz 4.2.6 *Es gelten die Voraussetzungen des Satzes 4.2.3. Ist*

$$\nu > 2\mu + 2,$$

so ergibt sich die suboptimale Ordnung

$$\|T_\gamma g^\varepsilon - A^\dagger g\| \leq c\varepsilon^{(2\mu+2)/(2\mu+3)}\rho^{1/(2\mu+3)}.$$

B e w e i s . Der Filterfehler wird wie in Satz 4.2.3 abgeschätzt durch

$$\sup_{\sigma_n>0} |\sigma_n^\nu(1-F_\gamma(\sigma_n))| \leq \gamma^2 \frac{\sigma_n^\nu}{\Gamma^2\sigma_n^{2(\mu+1)}+\gamma^2}.$$

Für $\nu > 2(\mu+1)$ ist dies eine monoton wachsende Funktion in σ_n, und wir erhalten

$$\sup_{\sigma_n>0} |\sigma_n^\nu(1-F_\gamma(\sigma_n))| \leq \gamma^2 \frac{\sigma_1^\nu}{\Gamma^2\sigma_1^{2(\mu+1)}+\gamma^2}$$
$$= \gamma^2 \frac{\|A\|^\nu}{\Gamma^2\|A\|^{2(\mu+1)}+\gamma^2}$$
$$\leq \Gamma^{-2}\|A\|^{\nu-2(\mu+1)}\gamma^2.$$

Für den Datenfehler erhalten wir wieder

$$\sup_{\sigma_n>0} |\sigma_n^{-1}F_\gamma(\sigma_n)| \leq c\gamma^{-1/(\mu+1)}.$$

Zur Bestimmung eines optimalen Parameters minimieren wir

$$\phi(\gamma) = c_\nu\gamma^2\rho + c\gamma^{-1/(\mu+1)}\varepsilon.$$

Aus

$$\phi'(\gamma) = 2c_\nu\gamma\rho - \frac{c}{\mu+1}\gamma^{-(\mu+2)/(\mu+1)}\varepsilon = 0$$

ergibt sich

$$\bar{\gamma} = \left(\frac{c\varepsilon}{c_\nu(2\mu+1)\rho}\right)^{(\mu+1)/(2\mu+3)}$$

und

$$\phi(\bar{\gamma}) = c(\rho\varepsilon^{2\mu+2})^{1/(2\mu+3)}.$$

∎

Die Abschätzung des Gesamtfehlers läßt also vermuten, daß zu schwaches Regularisieren ein schlechteres Ergebnis liefert.

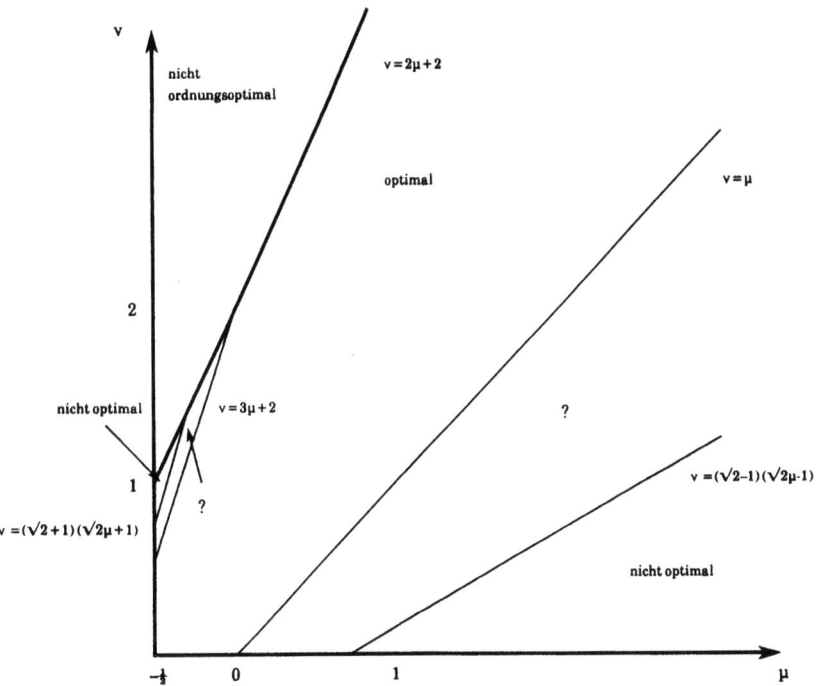

Abbildung 4.2.2. (μ, ν) - Ebene mit Bereichen, in denen das verallgemeinerte Tikhonov – Phillips Verfahren optimal, ordnungsoptimal (= nicht optimal) und suboptimal (= nicht ordnungsoptimal) ist. Die mit " ? " gekennzeichneten Gebiete sind vermutlich optimal.

Abschließend wollen wir ein spezielles Tikhonov – Phillips Verfahren konstruieren, das den noch fehlenden Schritt im Beweis des Satzes 3.4.1 liefert.

Satz 4.2.7 *Sei* $t \in [0,1]$, *so daß gemäß Lemma 2.2.4 gilt*

$$\sup\{\|f\| : \|f\|_{-1} \leq \varepsilon, \|f\|_\nu \leq \rho\}$$
$$= \sup\{\|f\| : t\rho^{-2}\|f\|_\nu^2 + (1-t)\varepsilon^{-2}\|f\|_{-1} \leq 1\}.$$

Dann gilt für das Tikhonov - Phillips Verfahren T_γ mit

$$\gamma^2 = \frac{\varepsilon^2}{\rho^2} \frac{t}{1-t}$$

die Ungleichung

$$E_\nu(\varepsilon, \rho, T_\gamma) \leq e_\nu(\varepsilon, \rho).$$

B e w e i s . Mit $f_\gamma = T_\gamma g^\varepsilon$, $f = A^\dagger g$ und $C = A^*A + \gamma^2(A^*A)^{-\nu}$ ergibt sich aus der im Beweis zu Satz 4.2.1 hergeleiteten Relation (4.2.3)

$$J_\gamma(f) = <C(f-f_\gamma), f-f_\gamma> + \|g^\varepsilon\|^2 - <g^\varepsilon, Af>$$

die Gleichung

$$J_\gamma(f) - J_\gamma(f_\gamma) = <C(f-f_\gamma), f-f_\gamma>.$$

Weiter folgt aus $\|f\| \leq \rho$ und $\|g - g^\varepsilon\| \leq \varepsilon$

$$J_\gamma(f) \leq \varepsilon^2 + \frac{\varepsilon^2}{\rho^2}\frac{t}{1-t}\rho^2 = \frac{\varepsilon^2}{1-t}.$$

Deshalb ist

$$E_\nu(\varepsilon, \rho, T_\gamma) = \sup\{\|T_\gamma g^\varepsilon - A^\dagger g\| : \|g - g^\varepsilon\| \leq \varepsilon, \|A^\dagger g\|_\nu \leq \rho\}$$
$$\leq \sup\{\|T_\gamma g^\varepsilon - f\| : J_\gamma(f) \leq \frac{\varepsilon^2}{1-t}\}$$
$$= \sup\{\|h\| : <Ch, h> \leq \frac{\varepsilon^2}{1-t} - J_\gamma(f_\gamma)\},$$

wobei wir $h = T_\gamma g^\varepsilon - f$ und die obige Darstellung für $J_\gamma(f) - J_\gamma(f_\gamma)$ benutzt haben. Wegen $J_\gamma(f) \geq 0$ ist dieses Supremum also

$$E_\nu(\varepsilon, \rho, T_\gamma) \leq \sup\{\|h\| : <Ch, h> \leq \frac{\varepsilon^2}{1-t}\}$$
$$= \sup\{\|h\| : \|Ah\|^2 + \frac{\varepsilon^2}{\rho^2}\frac{t}{1-t}\|h\|_\nu^2 \leq \frac{\varepsilon^2}{1-t}\}$$
$$= \sup\{\|h\| : (1-t)\varepsilon^{-2}\|Ah\|^2 + t\rho^{-2}\|h\|_\nu^2 \leq 1\}$$
$$= \sup\{\|h\| : \|h\|_{-1} \leq \varepsilon, \|h\|_\nu \leq \rho\}$$
$$= e_\nu(\varepsilon, \rho)$$

wobei wir im vorletzten Schritt die Wahl von t benutzt haben.

∎

Dies ist der zweite Teil des Beweises von Satz 3.4.1, der somit vollständig bewiesen ist.

Die in Abschnitt 3.5 vorgeschlagene a - posteriori Parameterwahl beinhaltet die Voraussetzung, daß die Abbildung

$$\gamma \mapsto |1 - F_\gamma(\sigma)|$$

stetig und monoton wachsend ist. Betrachten wir die verallgemeinerte Tikhonov - Phillips Regularisierung mit $B^*B = (A^*A)^{-\mu/2}$, dann ist

$$F_\gamma(\sigma) = \frac{\sigma_n^2}{\sigma_n^2 + \gamma^2 \sigma_n^{-2\mu}}$$

also

$$|1 - F_\gamma(\sigma)| = \frac{\gamma^2 \sigma_n^{-2\mu}}{\sigma_n^2 + \gamma^2 \sigma_n^{-2\mu}}.$$

Diese Funktion ist stetig in γ, und ihre Ableitung nach γ ist

$$\frac{2\gamma \sigma_n^{2(\mu+1)}}{(\sigma_n^{2(\mu+1)} + \gamma^2)^2} \geq 0,$$

also ist diese Funktion monoton wachsend in γ.

Die Parameterwahl ist also durchführbar, allerdings läßt sich das geeignete γ nicht so einfach bestimmen wie bei der abgeschnittenen Singulärwertzerlegung. Prinzipiell ist es möglich, mit hinreichend großem γ zu starten und durch Verkleinerung von γ den Defekt unter die Schranke $R\varepsilon$ zu bringen. Dieses Verfahren ist aber sehr aufwendig, weil die Berechnung eines neuen Wertes von f_γ nur durch Auflösen eines linearen Gleichungssystems möglich ist. Das Newton - Verfahren ist auf die nichtlineare Gleichung

$$\|Af_\gamma - g^\varepsilon\| = R\varepsilon$$

anwendbar, so daß die Anzahl der Iterationsschritte nicht zu groß wird, der Aufwand in jedem Newton - Schritt ist aber wieder die Lösung eines linearen Gleichungssystems.

Schließlich wollen wir die Anwendung der Tikhonov - Phillips Regularisierung auf Faltungsgleichungen diskutieren. Es ist wieder

$$Af = k * f.$$

Die Zusatzinformation führen wir nun in Form eines Faltungsoperators B ein, es gelte also

$$Bf = b * f.$$

Benutzen wir den Faltungssatz und die inverse Fourier – Transformation, so gilt

$$Bf(x) = \int_{\mathbf{R}^N} \widehat{b}(\xi)\widehat{f}(\xi)e^{\imath <x,\xi>}\, d\xi.$$

Wählen wir $\widehat{b}$ als Polynom,

$$\widehat{b}(\xi) = \sum_{|\alpha|\leq k} a_\alpha \xi^\alpha,$$

so ergibt sich wegen

$$(\widehat{D^\alpha f})(\xi) = \imath^{|\alpha|}\xi^\alpha \widehat{f}(\xi)$$

die Darstellung von B zu

$$Bf = \sum_{|\alpha|\leq k} a_\alpha (-\imath)^\alpha D^\alpha f.$$

Da die Operatoren A^*A und B^*B angewandt auf f dargestellt werden können als Multiplikation der Fourier – Transformierten von f mit der Fourier – Transformierten der entsprechenden kerne, kommutieren beide Operatoren. Für die Tikhonov – Phillips Regularisierung ergibt sich damit

$$\begin{aligned}f_\gamma(x) &= (2\pi)^{-N/2}\int_{\mathbf{R}^N} \frac{\hat{k}^*(\xi)}{|\hat{k}(\xi)|^2 + \gamma^2|\hat{b}(\xi)|^2}\hat{g}(\xi)e^{\imath <x,\xi>}\, d\xi\\ &= (2\pi)^{-N/2}\int_{\mathbf{R}^N} F_\gamma(\xi)\frac{\hat{g}(\xi)}{\hat{k}(\xi)}e^{\imath <x,\xi>}\, d\xi\end{aligned}$$

mit dem Filter

$$F_\gamma(\xi) = \frac{|\hat{k}(\xi)|^2}{|\hat{k}(\xi)|^2 + \gamma^2|\hat{b}(\xi)|^2}.$$

Das Filter hängt, genau wie im Falle kompakter Operatoren, vom Operator A ab.

4.3 Iterationsverfahren

In diesem Abschnitt wenden wir Iterationsverfahren zur Lösung der Normalgleichung

$$A^*Af = A^*g$$

an. Es wird sich herausstellen, daß auch Iterationsverfahren zur Regularisierung führen, der Regularisierungsparameter ist hier die Anzahl der Iterationsschritte. Schließlich werden wir das Verfahren der konjugierten Gradienten (CG) als Beispiel einer nichtlinearen Regularisierung diskutieren.

4.3.1 Lineare Iterationsverfahren

Es sei $B : X \to X$ ein linearer, stetiger Operator, und gesucht sei die Lösung von

$$Bx = b, \qquad (4.3.1)$$

Iterationsverfahren gewinnt man durch Aufspalten von B in

$$B = S - T. \qquad (4.3.2)$$

Dabei wählt man S so, daß Gleichungen der Form $Sy = z$ "einfach" zu lösen sind. Es ergibt sich dann aus (4.3.1) und (4.3.2)

$$(S - T)x = b,$$

also

$$(I - S^{-1}T)x = s^{-1}b.$$

Auflösen nach x liefert die Ausgangsform für das Iterationsverfahren

$$x = S^{-1}Tx + S^{-1}b,$$

woraus das Iterationsverfahren

$$x^{m+1} = Gx^m + y \qquad (4.3.3)$$

entsteht mit

$$G = S^{-1}T$$
$$ = S^{-1}(S - B)$$

und
$$y = S^{-1}b.$$

Wählt man S, T unabhängig vom Iterationsindex, so erhält man das stationäre Verfahren (4.3.3), andernfalls das nichtstationäre Verfahren

$$x^{m+1} = G_m x^m + y_m.$$

Auflösen der Rekursion führt im stationären Fall auf

$$\begin{aligned} x^m &= G^m x^0 + \sum_{j=0}^{m-1} G^j y \\ &= G^m x^0 + (I - G^m)(I - G)^{-1} y. \end{aligned} \qquad (4.3.4)$$

falls $(I - G)^{-1}$ existiert.

Um die Normalgleichung zu lösen, setzen wir
$$B = A^*A$$
und
$$b = A^*g.$$

Es ist
$$\begin{aligned} \mathcal{N}(A) &= \mathcal{N}(A^*A) \\ &= \mathcal{N}(S - T) \\ &= \mathcal{N}(S(I - S^{-1}T)) \\ &= \mathcal{N}(I - S^{-1}T). \end{aligned}$$

Für Elemente $f \in \mathcal{N}(A)$ ist also
$$f = S^{-1}Tf.$$

Wählen wir nun einen beliebigen Startwert $f^0 \in X$ mit
$$f^0 = f_1^0 + f_0^0,$$

$f_0^0 \in \mathcal{N}(A)$ und $f_1^0 \in \mathcal{N}(A)^\perp$, so ergibt sich die erste Iterierte zu

$$\begin{aligned} f^1 &= S^{-1}Tf^0 + S^{-1}b \\ &= S^{-1}Tf_1^0 + S^{-1}b + f_0^0, \end{aligned}$$

der Anteil aus dem Nullraum von A wird nicht verändert, die Iteration spielt sich auf $\mathcal{N}(A)^\perp$ ab. Deshalb wählen wir Startwerte aus $\mathcal{N}(A)^\perp$, etwa $f^0 = 0$ oder $f^0 = A^*g$.

Um das stabilisierende Verhalten der Iterationsverfahren zu studieren, betrachten wir speziell
$$S = s(A^*A)$$
$$T = t(A^*A)$$
und erhalten
$$s(x) - t(x) = x.$$
Wählen wir $f^0 = 0$, dann ist

$$\begin{aligned} f^m &= \sum_{j=0}^{m-1} G^j S^{-1} A^* g \\ &= \sum_{j=0}^{m-1} (I - S^{-1} A^* A)^j S^{-1} A^* g \\ &= \sum_{\sigma_n > 0} \sum_{j=0}^{m-1} \left(1 - \frac{\sigma_n^2}{s(\sigma_n^2)}\right)^j \frac{\sigma_n}{s(\sigma_n^2)} <g, u_n> v_n \\ &= \sum_{\sigma_n > 0} F_m(\sigma_n) \sigma_n^{-1} <g, u_n> v_n \end{aligned}$$

mit
$$\begin{aligned} F_m(\sigma) &= \frac{\sigma^2}{s(\sigma^2)} \sum_{j=0}^{m-1} \left(1 - \frac{\sigma^2}{s(\sigma^2)}\right)^j \\ &= 1 - (1 - \frac{\sigma^2}{s(\sigma^2)})^m \end{aligned}$$
für
$$|1 - \frac{\sigma^2}{s(\sigma^2)}| < 1,$$
also
$$\frac{\sigma^2}{s(\sigma^2)} \in]0, 2[.$$

Es ergibt sich folgendes Resultat.

Satz 4.3.1 *Sei* $\frac{\sigma^2}{s(\sigma^2)} \in]0, 2[$ *für alle Singulärwerte von* A *und* $\frac{x}{s(x)}$ *sei stetig in* 0. *Dann ist*
$$F_m(\sigma) = 1 - (1 - \frac{\sigma^2}{s(\sigma^2)})^m$$
ein regularisierendes Filter.

B e w e i s . Unter den angegebenen Voraussetzungen gelten

$$\sup_{\sigma_n > 0} |\sigma_n^{-1} F_m(\sigma_n)| = c_m < \infty \; f\ddot{u}r \; alle \; m,$$

$$\lim_{m \to \infty} F_m(\sigma_n) = 1 \; punktweise \; in \; \sigma_n$$

und

$$|F_m(\sigma_n)| \leq 2 \; f\ddot{u}r \; alle \; m \; und \sigma_n.$$

Damit sind alle Voraussetzungen der Definition 3.3.2 erfüllt. ∎

Als Konsequenz erhalten wir sofort folgenden Konvergenzsatz.

Satz 4.3.2. *Es gelten die Voraussetzungen des Satzes 4.3.1. Dann konvergiert das Iterationsverfahren*

$$f^{m+1} = S^{-1} T f^m + S^{-1} A^* g$$

für jedes $f^0 \in X$ gegen

$$P_{\mathcal{N}(A)} f^0 + A^\dagger g$$

wobei $P_{\mathcal{N}(A)}$ die Orthogonalprojektion von f^0 auf $\mathcal{N}(A)$ ist.

Insbesondere für $f^0 \in \mathcal{N}(A)^\perp$, etwa $f^0 = 0$ oder $f^0 = A^* g$, konvergiert das Verfahren gegen $A^* g$.

Identifizieren wir den Iterationsindex m mit dem Regularisierungsparameter γ, also

$$\gamma = \frac{1}{m},$$

so sehen wir, daß für wachsendes m der Datenfehler grösser wird. Der Gesamtfehler wird minimal, wenn die Iteration rechtzeitig abgebrochen wird.

4.3.2 Landweber – Iteration

Als speziellen Fall des allgemeinen Iterationsverfahrens besprechen wir hier das von Landweber vorgeschlagene Verfahren. Es lautet

$$\begin{aligned} f^{m+1} &= f^m + \beta A^*(g - Af^m) \\ &= (I - \beta A^*A)f^m + \beta A^*g. \end{aligned}$$

Hier ist also
$$S = \beta^{-1}I,$$
und
$$T = \beta^{-1}I - A^*A$$
sowie
$$S^{-1}T = I - \beta A^*A.$$

Wir erhalten mit $f^0 = 0$ die Darstellung

$$\begin{aligned} f^m &= \sum_{j=0}^{m-1}(I - \beta A^*A)^j A^*g \\ &= \sum_n F_m(\sigma_n)\sigma_n^{-1} <g, u_n> v_n \end{aligned}$$

mit
$$F_m(\sigma) = 1 - (1 - \beta\sigma^2)^m.$$

Also auch hier läßt sich die Landweber – Iterierte als gefilterte Version der verallgemeinerten Lösung interpretieren, wenn wir

$$\gamma = \frac{1}{m}$$

setzen.

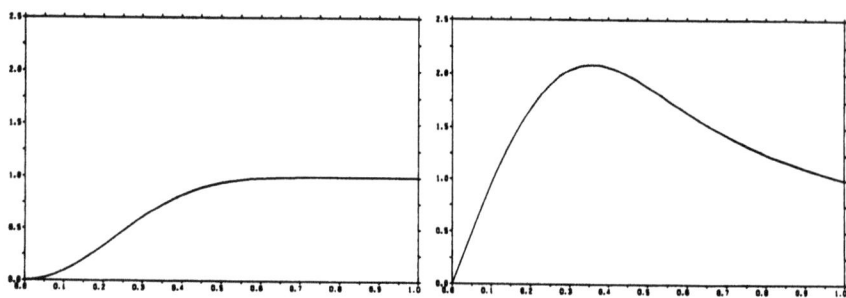
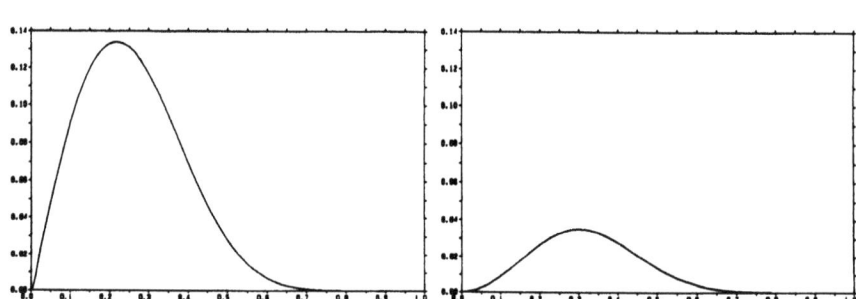

Abbildung 4.3.1. Die Funktionen F_m links oben, $\sigma^{-1}F_m(\sigma)$ rechts oben, sowie $|1-F_m(\sigma)|\sigma$ links unten und $|1-F_m(\sigma)|\sigma^2$ rechts unten für $m=10$.

Satz 4.3.3. *Das Landweber - Verfahren ist für*

$$0 < \beta < \frac{2}{\|A\|^2}$$

ein lineares Regularisierungsverfahren.

Es ist ordnungsoptimal für alle $\nu > 0$, wenn die Iteration für

$$m = \lfloor \beta(2\frac{\beta}{\nu}e)^{\nu/(\nu+1)} \left(\frac{\rho}{\varepsilon}\right)^{2/(\nu+1)} \rfloor$$

abgebrochen wird, wobei $\lfloor x \rfloor$ die größte ganze Zahl kleiner gleich x bezeichnet.

Der Gesamtfehler läßt sich abschätzen durch

$$(1+\nu)(2\nu e)^{-\nu/(2\nu+2)} \varepsilon^{\nu/(\nu+1)} \cdot \rho^{1/(\nu+1)}.$$

B e w e i s . Für

$$0 < \beta < 2\|A\|^{-2} = 2\sigma_1^{-2}$$

ist

$$|1 - \beta\sigma^2| < 1 \ f\ddot{u}r \ 0 < \sigma \leq \sigma_1,$$

es gilt also für festes $\sigma > 0$

$$\lim_{m \to \infty} F_m(\sigma) = \lim_{m \to \infty} (1 - (1-\beta\sigma^2)^m) = 1$$

und

$$|F_m(\sigma)| \leq |1 - (1-\beta\sigma_1^2)^m| < 2.$$

Betrachten wir den Datenfehler, so stellen wir fest

$$\sup_n |\sigma_n^{-1} F_m(\sigma_n)| \leq \sup_{\sigma > 0} |\sigma^{-1}(1 - (1-\beta\sigma^2)^m)|.$$

Setzen wir

$$\tau := \beta^{1/2}\sigma$$

so ist

$$\sigma^{-1}(1 - (1-\beta\sigma^2)^m) = \beta^{1/2}\tau^{-1}(1 - (1-\tau^2)^m)$$

mit

$$0 \leq \tau \leq \beta^{1/2}\sigma_1 < \sqrt{2}.$$

Für $0 \leq \tau \leq m^{-1/2}$ liefert die Bernoullische Ungleichung

$$0 \leq \frac{1 - (1-\tau^2)^m}{\tau} \leq \frac{1 - (1-m\tau^2)}{\tau} = m\tau \leq m^{1/2}.$$

Für $m^{-1/2} \leq \tau \leq 1$ ist

$$\frac{1 - (1-\tau^2)^m}{\tau} \leq \frac{1}{\tau} \leq m^{1/2}.$$

Schließlich ist noch der Bereich $1 \leq \tau \leq \sqrt{2}$ zu berücksichtigen. Dort ist

$$0 \geq 1 - \tau^2 \geq -1$$

also

$$1 - \tau^2 \leq (1-\tau^2)^m$$

und so
$$0 \le \frac{1-(1-\tau^2)^m}{\tau} \le \tau \le \sqrt{2} \le \sqrt{m}$$
für $m \ge 2$. Also folgt
$$\sup_{\sigma_n} |\sigma_n^{-1} F_m(\sigma_n)| \le \sqrt{\beta}\sqrt{m}.$$

Aus Satz 3.3.3 ergibt sich die Regularisierungseigenschaft des Landweber – Verfahrens.

Für den Filterfehler haben wir abzuschätzen
$$\sup_{\sigma_n} |(1 - F_m(\sigma_n))\sigma_n^\nu| = \sup_{\sigma_n} |(1 - \beta\sigma_n^2)^m \sigma_n^\nu|.$$

Multiplizieren wir mit $m^{1/2}$ und setzen $\tau := m^{1/2}\sigma$, so erhalten wir
$$(1 - \beta\sigma^2)^m \sigma^\nu \cdot m^{\nu/2} = \left(1 - \frac{1}{m}\beta\tau^2\right)^m \tau^\nu$$
$$\le e^{-\beta\tau^2} \tau^\nu.$$

Die Funktion $\varphi(\tau) = e^{-\beta\tau^2} \tau^\nu$ hat wegen
$$\varphi'(\tau) = e^{-\beta\tau^2}(\nu\tau^{\nu-1} - 2\beta\tau^{\nu+1})$$
ihr Maximum bei
$$\tau^2 = \frac{\nu}{2\beta}.$$
Also gilt für alle $\tau > 0$
$$\varphi(\tau) \le e^{-\nu/2} \left(\frac{\nu}{2\beta}\right)^{\nu/2},$$
was
$$\sup_n |(1 - F_m(\sigma_n))\sigma_n^\nu| \le e^{-\nu/2}\left(\frac{\nu}{2\beta}\right)^{\nu/2} m^{-\nu/2}$$
ergibt.

Mit $c = \sqrt{\beta}$, $c_\nu = e^{-\nu/2}\left(\frac{\nu}{2\beta}\right)^{\nu/2}$ und $\alpha = 1/2$ folgt aus Satz 3.4.3 die Ordnungsoptimalität. Das optimale η ist
$$\eta = \left(\frac{c}{\nu c_\nu}\right)^{2/(\nu+1)}$$
woraus sich obiges Ergebnis ergibt. ∎

Wie im letzten Abschnitt gezeigt, konvergiert das Landweber - Verfahrens bei Verwendung eines beliebigen Startwertes und exakten Daten gegen $f^\dagger + Pf^0$.

Dieses Ergebnis besagt, daß bei schlecht gestellten Problemen eine Regularisierung dadurch erreicht wird, daß im Falle gestörter Daten hinreichend früh die Iteration abgebrochen wird. Iteriert man zu lange, so stellt man fest, daß der Fehler stark anwächst.

Unter Verwendung des Filters ergibt sich folgendes Bild. Ist

$$(1 - \beta\sigma^2)^m \ll 1,$$

so treten die entsprechenden Anteile der Lösung in der iterierten Näherung nahezu unverfälscht auf. Ist dagegen σ klein, also

$$(1 - \beta\sigma^2)^m \approx 1,$$

dann werden die entsprechenden Terme weggedämpft.

Da als Parameter m nicht jede reelle Zahl gewählt werden kann, ist es nicht möglich, daß ein Iterationsverfahren optimal ist. Als Ersatz haben wir hier die asymptotische Optimalität.

Satz 4.3.4 *Das Landweber - Verfahren ist asymptotisch optimal für $\nu < 7.124$.*

Die a – posteriori Parameterwahl ist gemäß Abschnitt 3.5 durchzuführen. Da der Defekt $Af^m - g^\varepsilon$ monoton fällt, wird die Iteration gestoppt, wenn zum ersten Male der Defekt kleiner als $R\varepsilon$ wird.

4.3.3 Das Verfahren der konjugierten Gradienten

Ausgangspunkt beim Verfahren der konjugierten Gradienten ist, ähnlich wie bei der Tikhonov-Phillips Regularisierung, die Minimierung des Funktionals

$$J(f) = \|Af - g\|^2 = \|f - f^\dagger\|^2_{-1} + \|P_{\overline{\mathcal{R}(A)}}g - g\|^2.$$

Hier allerdings wird versucht, die Lösung iterativ zu bestimmen. Sei $f^0 \in X$ ein beliebiger Startwert. Dann ist wegen

$$\nabla J(f^0) = 2A^*(Af^0 - g) =: 2r^0$$

die Richtung des steilsten Abstieges

$$d^0 = -r^0.$$

Ist $r^0 \neq 0$, dann wird J auf dieser Richtung minimiert. Wegen

$$J(f^0 + \alpha d^0) = J(f^0) + 2\alpha <Af^0 - g, Ad^0> + \alpha^2 \|Ad^0\|^2$$

wird das Minimum angenommen bei

$$\alpha_0 = -\frac{<Af^0 - g, Ad^0>}{\|Ad^0\|^2} = -\frac{<r^0, d^0>}{\|Ad^0\|^2}$$

$$= \frac{\|r^0\|^2}{\|Ad^0\|^2}.$$

Alle Vektoren $d, d' \in \mathcal{N}(A)^\perp$, die

$$<A^*Ad, d'> = <Ad, Ad'> = 0$$

erfüllen, nennen wir $(A\text{-})$ konjugiert.

Dieses Verfahren wird nun fortgesetzt, indem bei jedem Schritt konjugierte Richtungen gewählt werden, so lange bis $r^m = 0$ wird.

Satz 4.3.5 *Es sei*

$$f^{m+1} = f^m + \alpha_m d^m \; \text{mit} \; \alpha_m = -\frac{<r^m, d^m>}{\|Ad^m\|^2}$$

mit $r^m = A^*(Af^{m+1} - g) \neq 0$, und die $d^m \in \mathcal{N}(A)^\perp$ seien A- konjugiert, d.h.

$$< Ad^m, Ad^k > = 0 \; f\ddot{u}r \; m \neq k.$$

Dann minimiert f^m das Funktional J in

$$f^0 + D^{m-1}$$

mit

$$D^{m-1} = \text{span}(d^0, ..., d^{m-1}),$$

und es gilt

$$< r^m, d^j > = 0 \; f\ddot{u}r \; j < m.$$

B e w e i s . Sei

$$f^m = f^0 + \sum_{j=0}^{m-1} c_j d^j,$$

dann ist

$$J(f) = J(f^0) + 2 \sum_{j=0}^{m-1} c_j < Af^0 - g, Ad^j > + \sum_{j=0}^{m-1} c_j^2 \|Ad^j\|^2,$$

und dies wird minimal, wenn

$$c_j = -\frac{< Af^0 - g, Ad^j >}{\|Ad^j\|^2} = -\frac{< r^0, d^j >}{\|Ad^j\|^2} \; ; j = 0, \cdots, m-1.$$

Die Behauptung $< r^m, d^j > = 0$ für $j < m$ wird per Induktion bewiesen. Aus der Definition der f^{m+1} ersehen wir sofort

$$r^{m+1} = r^m + \alpha_m A^* Ad^m.$$

Für $m = 1$ gilt

$$< r^1, d^0 > = < r^0, r^0 > + \alpha_0 < Ad^0, Ar^0 > = \|r^0\|^2 - \alpha_0 \|Ad^0\|^2 = 0$$

nach Definition von α_0.

Der Induktionsschritt von m nach $m + 1$ führt auf

$$< r^{m+1}, d^j > = < r^m, d^j > + \alpha_m < Ad^m, Ad^j > .$$

Für $j < m$ ist dieser Ausdruck wegen der Induktionsannahme gleich 0, und für $j = m$ nach der Definition von α_m.

Beachten wir
$$f^{m+1} = f^0 + \sum_{k=0}^{m-1} \alpha_k d^k,$$
so ergibt sich für $j < m$
$$0 = <r^m, d^j> = <r^0, d^j> + \sum_{k=0}^{m-1} <Ad^k, Ad^j>.$$

Wegen der Konjugiertheit der Richtungen erhalten wir eine weitere Relation für α_j
$$\alpha_j = -\frac{<r^0, d^j>}{\|Ad^j\|^2} = c_j.$$

Somit minimiert f^m das Funktional J in $f^0 + D^{m-1}$.

■

Beim Verfahren der konjugierten Gradienten werden die Richtungen nun speziell gewählt als
$$d^{m+1} = -r^{m+1} + \beta_m d^m.$$
Wegen $<r^{m+1}, d^m> = 0$ und $r^{m+1} \neq 0$ ist $d^{m+1} \neq 0$. Da $d^{m+1} \in \mathcal{R}(A^*)$ ist, folgt $Ad^{m+1} \neq 0$. Aus der Bedingung
$$<Ad^{m+1}, Ad^m> = 0$$
ergibt sich
$$\beta_m = \frac{<Ar^{m+1}, Ad^m>}{\|Ad_m\|^2}.$$
Mit dieser Darstellung gilt
$$<r^m, d^m> = -\|r^m\|^2 + \beta_{m-1} <r^m, d^{m-1}> = -\|r^m\|^2$$
da r^m senkrecht auf d^j mit $j < m$ steht. Für α_m erhalten wir somit
$$\alpha_m = \frac{\|r^m\|^2}{\|Ad^m\|^2}.$$
Wegen
$$r^{m+1} = r^m + \alpha_m A^* Ad^m$$
und
$$r^m = \beta_m d^{m-1} - d^m$$

folgt aus dem vorigen Satz

$$< r^{m+1}, r^m > = \beta_m < r^{m+1}, d^{m-1} > - < r^{m+1}, d^m >$$
$$= 0,$$

was

$$\beta_m = \frac{< r^{m+1}, A^*Ad^m >}{\|Ad^m\|^2} = \frac{\|r^{m+1}\|^2}{\alpha_m\|Ad^m\|^2} = \frac{\|r^{m+1}\|^2}{\|r^m\|^2}$$

liefert. Es ergibt sich damit die numerisch stabilere Version des CG-Verfahrens zu

$$f^0 \in X \ beliebig; \ r^m := A^*(Af^m - g)$$
$$f^{m+1} = f^m + \alpha_m d^m; \ \alpha_m = \frac{\|r^m\|^2}{\|Ad^m\|^2}$$
$$d^{m+1} = -r^{m+1} + \beta_m d^m, \ \beta_m = \frac{\|r^{m+1}\|^2}{\|r^m\|^2}.$$

Satz 4.3.6. *Das CG-Verfahren ist ein Verfahren mit konjugierten Richtungen. So lange $r^m \neq 0$ ist, gilt*
$$< r^m, r^k > = 0 \ \textit{für} \ m \neq k,$$
$$\text{span}(r^0, ..., r^m) = \text{span}(d^0, ..., d^m)$$
$$= \text{span}(r^0, A^*Ar^0, ..., (A^*A)^m r^0).$$

B e w e i s . Für $m = 0$ ist die Aussage trivial.
Wegen
$$r^{m+1} = r^m + \alpha_m A^*Ad^m$$

ist

$$r^{m+1} \in \text{span}(r^0, ..., (A^*A)^{m+1} r^0),$$

ebenso ist d^{m+1} aus diesem Raum. Nach Satz 4.3.5 ist r^{m+1} senkrecht auf allen d^j mit $j \leq m$, was ausschließt, daß

$$r^{m+1} \in \text{span}\{d^0, ..., d^m\} = \text{span}\{r^0, ..., (A*A)^m r^0\}.$$

∎

Aus diesem Satz ergibt sich die

Folgerung:
$$f^m = f^0 - P_{m-1}(A^*A)r^0 \tag{4.3.5}$$

wobei $P_{m-1} \in \Pi_{m-1}$, also ein Polynom vom Grad kleiner m ist. Dieses Polynom erfüllt eine weitere Optimalitätseigenschaft.

Lemma 4.3.7. *Das Polynom P_{m-1} minimiert*

$$H(P) = \|(I - AP(A^*A)A^*)(Af^0 - g)\|^2$$

in Π_{m-1}, und es gilt

$$H(P_{m-1}) = \|f^m - A^\dagger g\|_{-1}.$$

B e w e i s . Sei $f = f^0 - P(A^*A)r^0$ mit $P \in \Pi_{m-1}$. Nach Satz 4.3.6 ist f von der Form

$$f = f^0 + \sum_{j=0}^{m-1} c_j d_j.$$

Nach der Minimaleigenschaft der Verfahren mit konjugierten Gradienten, Satz 4.3.5, gilt

$$J(f^m) \leq J(f).$$

Nun ist mit $\tilde{f}^m = -P(A^*A)A^*(Af^0 - g)$

$$A\tilde{f}^m - g = Af^0 - g - AP(A^*A)A^*(Af^0 - g)$$
$$= (I - AP(A^*A)A^*)(Af^0 - g),$$

wegen

$$J(f) = \|Af - g\|^2$$

folgt die Behauptung. ∎

Bei den folgenden Untersuchungen gehen wir vom Startwert

$$f^0 = 0$$

aus. Mit der Singulärwertzerlegung des Operators A läßt sich das Filter beim Verfahren der konjugierten Gradienten angeben als

$$F_m(\sigma_n) = P_{m-1}(\sigma_n^2)\sigma_n^2.$$

Da P_{m-1} selbst von g abhängt, ist das Filter und somit das Verfahren nichtlinear. Das Funktional $H(P)$ läßt sich auch darstellen als

$$H(P) = \sum_n (1 - \sigma_n^2 P(\sigma_n^2))^2 g_n^2$$

mit
$$g_n = <g, u_n>.$$

Das Polynom P_{m-1} minimiert $H(P)$ in Π_{m-1}. Für
$$S_m(t) = 1 - tP_{m-1}(t)$$
gilt entsprechend, daß S_m das Funktional $\tilde{H}$ mit
$$\tilde{H}(S) = \sum_n S(\sigma_n^2)g_n^2$$
in
$$\Pi'_m = \{p \in \Pi_m : p(0) = 1\}$$
minimiert.

Wegen
$$r^m = A^*(Af^m - g) = A^*AP_{m-1}(A^*A)A^*g - A^*g$$
$$= -S_m(A^*A)A^*g$$
folgt wegen der Orthogonalität der r^m sofort
$$<r^m, r^k> = \sum_n S_m(\sigma_n^2)S_k(\sigma_n^2)\sigma_n^2 g_n^2 = 0$$
für $m \neq k$. Also sind die S_m orthogonale Polynome bezüglich der diskreten Belegung
$$\sum_n \sigma_n^2 g_n^2 \delta_{\sigma_n^2},$$
wobei δ_x die Delta - Distribution ist. Die Nullstellen $t_{m,k}$ der Polynome S_m sind deshalb alle einfach, sie liegen in dem Intervall $]0, \|A\|^2[$. Aus
$$S_m(t_{m,k}) = 1 - t_{m,k}P_{m-1}(t_{m,k}) = 0$$
folgt sofort, daß das Polynom P_{m-1} die Hyperbel $1/t$ interpoliert, und zwar an den Stellen $t_{m,k}$:
$$P_{m-1}(t_{m,k}) = \frac{1}{t_{m,k}}.$$

Diese Eigenschaften nutzen wir aus, um zwei Fehlerabschätzungen für das CG - Verfahren zu gewinnen. Allerdings sind dies zunächst nur Abschätzungen in der schwächeren A-Norm.

Lemma 4.3.8. *Sei* $R_m : X \to X$ *mit*

$$R_m f = \sum_{n=m+1}^{\infty} <f, v_n> v_n.$$

Dann gilt für $f \in \mathcal{D}((A^*A)^{-\nu/2})$, $\nu \geq 0$, *die Abschätzung*

$$\|Af^m - g\| \leq \sigma_{m+1}^{\nu+1} \|R_m(A^*A)^{-\nu/2}f\|.$$

B e w e i s . Wegen

$$\|Af^m - g\| = H(P_{m-1}) \leq H(P)$$

für alle Polynome vom Grad kleiner m gilt für $P \in \Pi_{m-1}$ mit

$$P(\sigma_n^2) = \frac{1}{\sigma_n^2}, \ n = 1, \cdots, m$$

die Abschätzung

$$H(P_{m-1}) \leq \sum_{n>m} (1 - \sigma_n^2 P(\sigma_n^2))^2 \sigma_n^{2(1+\nu)} \sigma_n^{-2\nu} f_n^2.$$

Setzen wir

$$q(t) = 1 - tP(t),$$

so ist $q \in \Pi_m$ mit

$$q(0) = 1$$
$$q(\sigma_n^2) = 0 \ \textit{für } n = 1, \cdots, m.$$

Dieses Lagrange'sche Grundpolynom hat die Darstellung

$$q(t) = \prod_{n=1}^{m} (1 - \frac{\sigma_n^2}{t}),$$

und es gilt offensichtlich

$$0 \leq q(t) \leq 1 \ in [0, \sigma_m^2].$$

Somit folgt

$$H(P_{m-1}) \leq \sup_{n>m}(1 - \sigma_n^2 P(\sigma_n^2))^2 \sigma_n^{2(1+\nu)} \|R_m(A^*A)^{-\nu/2}f\|^2$$
$$\leq \sigma_{m+1}^{2(1+\nu)} \|R_m((A^*A)^{-\nu/2}f\|^2.$$

Diese Abschätzung macht von der Verteilung der Singulärwerte Gebrauch. Die Konvergenzrate ist umso höher, je schneller die σ_m fallen, also je schlechter gestellt das Problem ist. Dazu kommt dann noch der Faktor $\|R_m(A^*A)^{-\nu/2}f\|$, der ebenfalls mit wachsendem m gegen Null konvergiert.

Im folgenden Lemma soll eine weitere Fehlerabschätzung angegeben werden, die nun keinen Gebrauch von der Verteilung der Singulärwerte macht. Bei langsam fallendem σ_m ist diese Abschätzung, die von Brakhage stammt, besser.

Lemma 4.3.9. *Es sei* $f \in \mathcal{D}((A^*A)^{-\nu/2})$ *für* $\nu > 0$. *Dann gilt*
$$\|Af^m - g\| \le cm^{-(\nu+1)}\|(A^*A)^{-\nu/2}f\|.$$

B e w e i s . Auch hier benutzen wir die Relation
$$\|Af^m - g\|^2 = H(P_{m-1})$$
$$\le \sum_n (q(\sigma_n^2))^2 \sigma_n^{2(\nu+1)} \sigma_n^{-2\nu} f_n^2$$
für $q \in \Pi_m$ mit $q(0) = 1$.

Wir wählen speziell
$$q(t) = c_m^{-1} P_m^{(\nu+1/2,-1/2)}(1 - 2\sigma_1^{-2}t),$$
wobei $P_m^{(\alpha,\beta)}$ ein Jacobi-Polynom ist. Bestimmen wir
$$c_m = P_m^{(\nu+1/2,-1/2)}(1) = \binom{m+\nu+1/2}{m},$$
so ist q ein Polynom vom Grad m mit $q(0) = 1$. Wegen
$$\|Af^m - g\| \le \sup_n |\sigma_n^{\nu+1} q(\sigma_n^2)| \, \|(A^*A)^{-\nu/2}f\|$$
ist das obige Supremum abzuschätzen. Für
$$u_m(\vartheta) = (\sin\frac{\vartheta}{2})^{\nu+1} P_m^{(\nu+1/2,-1/2)}(\cos\vartheta),$$
gilt nach Szegö, Satz 7.32.3, die Abschätzung
$$|u_m(\vartheta)| \le cm^{-1/2} \text{ unabhängig von } \vartheta.$$

Setzen wir
$$1 - 2\sigma_1^{-2}\sigma_n^2 = \cos\vartheta,$$
so gilt
$$\sigma_n^2 = \sigma_1^2 \sin^2\frac{\vartheta}{2},$$
und damit
$$\sigma_n^{\nu+1}q(\sigma_n^2) = \sigma_1^{\nu+1}(\sin\frac{\vartheta}{2})^{\nu+1}c_m P_m^{(\nu+1/2,-1/2)}(\cos\vartheta),$$
was wir mit dem Ergebnis von Szegö und
$$c_m^{-1} \leq cm^{-(\nu+1/2)}$$
abschätzen können durch
$$c\|A\|^{\nu+1}m^{-(\nu+1)},$$
woraus dann die Behauptung folgt.

■

Um nun eine Abschätzung für die Norm des Fehlers zu erhalten, wollen wir wieder Satz 2.2.3 anwenden. Dazu benötigen wir eine Abschätzung für den Fehler in der Norm mit Index ν.

Lemma 4.3.10. *Es sei* $f \in \mathcal{D}((A^*A)^{-\nu/2})$ *für* $\nu > -1$. *Dann gilt*
$$\|f - f^m\|_\nu \leq \|f\|_\nu.$$

Beweis. Sei
$$e^m = f - f^m.$$
Dann gilt mit dem Skalarprodukt aus (2.3.3)
$$<e^m, e^k>_{\nu-1} = \sum_n \sigma_n^{2(1-\nu)} <e^m, v_n><e^k, v_n>.$$
Es ist
$$<e^m, v_n> = <f - f^m, v_n> = \sigma_n^{-2} <f - f^m, A^*Av_n>$$
$$= -\sigma_n^{-2} <r^m, v_n>$$
$$= S_m(\sigma_n^2)\sigma_n^{-1}g_n.$$

Somit ergibt sich
$$< e^m, e^k >_{\nu-1} = \sum_n \sigma_n^{-2\nu} S_m(\sigma_n^2) S_k(\sigma_n^2) g_n^2.$$

Wegen $f \in \mathcal{D}((A^*A)^{-\nu/2})$ ist dieser Ausdruck endlich.

Um zu zeigen, daß die oben bezeichneten Skalarprodukte nichtnegativ sind, benutzen wir ein Ergebnis von Trench.

Lemma 4.3.11. *Seien $\{p_m\}$, $\{q_m\}$ orthogonale Polynome über $[0, \infty[$ bzgl. der Distributionen $d\mu(x)$ bzw. $x^c d\mu(x)$ mit $c > 0$.*
Die p_m, q_m seien normalisiert, so daß
$$p_m(0) > 0, \ q_m(0) > 0.$$
Dann sind die Koeffizienten $\{a_{m,k}\}$ in der Entwicklung
$$q_m(x) = \sum_{k=0}^m a_{m,k} p_k(x)$$
alle positiv.

Dieses Ergebnis wenden wir nun an mit $q_m = S_m$. Die S_m sind orthogonal bezüglich der Belegung
$$\sum_n \sigma_n^2 g_n^2 \delta_{\sigma_n^2}$$
und erfüllen $S_m(0) = 1 > 0$. Seien nun p_m die orthogonalen Polynome bezüglich der Belegung
$$\sum_n \sigma_n^{-2\nu} g_n^2 \delta_{\sigma_n^2}$$
mit $p_m(0) = 1$. Dann liefert das obige Lemma mit $c = 2(\nu + 1)$ die Darstellung
$$S_m = \sum_{k=0}^m a_{m,k} p_k \ mit \ a_{m,k} \geq 0.$$
Wegen
$$\begin{aligned}
< e^m, e^k >_{\nu-1} &= \sum_n \sigma_n^{-2\nu} g_n^2 S_m(\sigma_n^2) S_k(\sigma_n^2) \\
&= \sum_{j=0}^m \sum_{\ell=0}^k a_{m,j} a_{k,\ell} \sum_n \sigma_n^{-2\nu} g_n^2 p_j(\sigma_n^2) p_\ell(\sigma_n^2) \\
&= \sum_{j=0}^{\min(m,k)} a_{m,j} a_{k,j} \sum_n \sigma_n^{-2\nu} g_n^2 p_j^2(\sigma_n^2)
\end{aligned}$$

sind diese Skalarprodukte nichtnegativ.

Für die Suchrichtungen d^m gilt

$$d^m = -\|r^m\|^2 \sum_{k=0}^{m} \|r\|^{-2} r^k.$$

Wegen

$$e^{m+1} - e^m = f^m - f^{m+1} = -\alpha_m d^m$$

$$= -\frac{\|r^m\|^2}{\|Ad^m\|^2} \|r^m\|^2 \sum_{k=0}^{m} \|r^k\|^{-2} r^k$$

gilt mit $r^k = A^*A e^k$ die Darstellung

$$e^{m+1} - e^m = -A^*A(\sum_{k=0}^{m} \gamma_k e^k)$$

mit

$$\gamma_k = \frac{\|r^m\|^4}{\|Ad^m\|^2} \|r^m\|^{-2} > 0.$$

Daraus folgt

$$\|e^{m+1}\|_\nu^2 - \|e^m\|_\nu^2 = <e^{m+1} + e^m, e^{m+1} - e^m>_\nu$$

$$= -\sum_{k=0}^{m} \gamma_k <e^{m+1} + e^m, A^*A e^k>_\nu$$

$$= -\sum_{k=0}^{m} \gamma_k <e^{m+1} + e^m, e^k>_{\nu-1}$$

$$\leq 0.$$

Die $\|e^m\|_\nu$ sind also monoton fallend und so

$$\|e^m\|_\nu \leq \|e^0\|_\nu = \|f\|_\nu.$$

∎

Nach diesem Beweis von Brakhage können wir mit Hilfe des Satzes 2.2.3 den Konvergenzsatz für das CG-Verfahren bei ungestörten Daten beweisen.

Satz 4.3.12. *Es sei* $f \in \mathcal{D}((A^*A)^{-\nu/2})$. *Dann gilt*

$$\|f - f^m\| \leq c \min\{\sigma_{m+1}^\nu \|R_m((A^*A)^{-\nu/2} f\|, m^{-\nu} \|(A^*A)^{-\nu/2} f\|\}.$$

Bemerkung. Verhalten sich die Singulärwerte wie

$$\sigma_m = O(m^{-\alpha}),$$

so lautet die Abschätzung

$$\|f - f^m\| \le C \min(m^{\nu\alpha} R_m, m^{-\nu}), \ R_m \to 0.$$

Für mäßig schlecht gestellte Operatoren ($\nu < 1$) gilt also die Abschätzung $m^{-\nu}$. Im Falle stärker schlecht gestellter Probleme ($\nu \ge 1$) gilt sogar die Ordnung

$$o(m^{-\nu\alpha}).$$

Wir untersuchen nun, ob das Verfahren der konjugierten Gradienten ein Regularisierungsverfahren ist. Wegen der Nichtlinearität des Verfahrens der konjugierten Gradienten ist es nicht möglich, Stabilitätsbetrachtungen wie bei den anderen Verfahren durchzuführen. Es gilt folgendes negative Resultat.

Satz 4.3.13 *Das Verfahrn der konjugierten Gradienten ist mit keiner a − p r i o r i Parameterwahl ein Regularisierungsverfahren.*

B e w e i s . Hat $g \in \mathcal{D}(A^\dagger)$ eine endliche Entwicklung, gilt also

$$P_{\overline{\mathcal{R}(A)}} g = \sum_{n=1}^{N} <g, u_n> u_n,$$

so stoppt das Verfahren der konjugierten Gradienten wegen seiner Optimalitätseigenschaft nach spätestens N Schritten. Ist nun

$$g^\varepsilon = g + \sqrt{\sigma_{N+k}} u_{N+k}$$

so stoppt das Verfahren nach einem weiteren Schritt. Der Defekt ist

$$\|g^\varepsilon - g\| = \sqrt{\sigma_{N+k}} \to 0$$

für $k \to \infty$, aber der Fehler im Resultat

$$\|f^{N+1} - A^\dagger g\| = \frac{1}{\sqrt{\sigma_{N+k}}} \to \infty$$

wächst unbeschränkt.

Ist also $T_{N+1} : Y \to X$ das Verfahren, das einer rechten Seite die $N+1$ - te Iterierte beim CG - Verfahren zuordnet, dann ist dieser Operator unstetig auf allen Elementen g, die Anteile von höchstens N singulären Funktionen haben.

∎

Im folgenden wollen wir eine a - posteriori Parameterwahl studieren. Wir nehmen zunächst an, daß
$$\|g^\varepsilon\| \leq R\varepsilon$$
ist. Dann bestimmen wir als Lösung
$$f^{cg} = 0.$$
Es ist
$$\|f - f^{cg}\|_{-1} = \|g^\varepsilon\| \leq R\varepsilon$$
und
$$\|f - f^{cg}\|_\nu \leq \rho,$$
also
$$\|f - f^{cg}\| \leq c\varepsilon^{\nu/(\nu+1)} \cdot \rho^{1/(\nu+1)},$$
womit wir die Ordnungsoptimalität erreicht haben.

Sei nun $\|g^\varepsilon\| > R\varepsilon$. Als a — p o s t e r i o r i Parameterwahl schlagen wir vor :

Die Iteration wird mit dem Ergebnis $f^{cg} = f^m$ beendet, wobei m so gewählt ist, daß
$$\|Af^m - g^\varepsilon\| \leq R\varepsilon < \|Af^{m-1} - g^\varepsilon\|$$
gilt.

Dieser Stategie liegt folgende Fehlerabschätzung zugrunde.

Lemma 4.3.14. *Es sei*
$$q_m(\tau) = \max_{0 \leq \sigma \leq \tau} |P_{m-1}(\sigma^2)|,$$
wobei P_{m-1} das Polynom aus dem CG - Verfahren ist. $T_m g^\varepsilon$ sei die m - te Iterierte beim CG - Verfahren bei rechter Seite g^ε. Dann gilt mit $\|A^\dagger g\|_\nu \leq \rho$ für die m - te Iterierte, die obiger Parameterwahl genügt, die Abschätzung
$$\|T_m g^\varepsilon - A^\dagger g\| \leq C_1 \varepsilon^2 (\tau^{-2} + \tau^2 q_m^2(\tau)) + C_2 \rho^2 (\tau^{2\nu} + \tau^{2(\nu+1)} q_m^2(\tau)).$$

B e w e i s . Es sei $g_n := <g, u_n>$, $g_n^\varepsilon = <g^\varepsilon, u_n>$ und

$$\tilde{g}^\varepsilon = \mathcal{P}_{\overline{\mathcal{R}(A)}} g^\varepsilon.$$

Mit diesen Bezeichnungen erhalten wir

$$\|T_m g^\varepsilon - A^\dagger g\|^2 = \sum_{\sigma_n} \sigma_n^{-2} (g_n - P_{m-1}(\sigma_n^2)\sigma_n^2 g_n^\varepsilon)^2$$
$$= \sum_{\sigma_n < \tau} + \sum_{\sigma_n \geq \tau}.$$

Die zweite Summe können wir sofort abschätzen durch

$$\sum_{\sigma_n \geq \tau} \sigma_n^{-2} (g_n - P_{m-1}(\sigma_n^2)\sigma_n^2 g_n^\varepsilon)^2$$
$$\leq \tau^{-2} \sum_{\sigma_n \geq \tau} \left(g_n - g_n^\varepsilon + (1 - P_{m-1}(\sigma_n^2)\sigma_n^2) g_n^\varepsilon\right)^2$$
$$\leq 2\tau^{-2} (\|g - \tilde{g}^\varepsilon\|^2 + \|\tilde{g}^\varepsilon - AT_m g^\varepsilon\|^2).$$

Die erste Summe spalten wir wie folgt auf

$$\sum_{\sigma_n < \tau} \sigma_n^{-2} (g_n - P_{m-1}(\sigma_n^2)\sigma_n^2 g_n^\varepsilon)^2$$
$$\leq 2 \sum_{\sigma_n < \tau} \sigma_n^{-2} g_n^2 + 2 \sum_{\sigma_n < \tau} \left(P_{m-1}(\sigma_n^2)(\sigma_n)\right)^2 (g_n^\varepsilon)^2.$$

Setzen wir auch hier wieder voraus, daß $A^\dagger g \in X_\nu$ ist, so können wir weiter abschätzen

$$\sum_{\sigma_n < \tau} \sigma_n^{-2} g_n^2 = \sum_{\sigma_n < \tau} \sigma_n^{2\nu} \sigma_n^{-2(\nu+1)} g_n^2$$
$$\leq \tau^{2\nu} \|A^\dagger g\|^2$$
$$\leq \tau^{2\nu} \rho^2.$$

Für den noch verbleibenden Summanden gilt

$$\sum_{\sigma_n < \tau} (\sigma_n P_{m-1}(\sigma_n^2))^2 (g_n^\varepsilon)^2 = \sum_{\sigma_n < \tau} (\sigma_n P_{m-1}(\sigma_n^2))^2 (g_n^\varepsilon - g_n + g_n)^2$$
$$\leq 2 \sum_{\sigma_n < \tau} (\sigma_n P_{m-1}(\sigma_n^2))^2 g_n^2 + 2 \sum_{\sigma_n < \tau} (\sigma_n P_{m-1}(\sigma_n^2))^2 (g_n^\varepsilon - g_n)^2$$
$$\leq 2\tau^2 q_m^2(\tau) \tau^{2(\nu+1)} \rho^2 + 2\tau^2 q_m^2(\tau) \|\tilde{g}^\varepsilon - g\|^2.$$

Verwenden wir für den Defekt die angegebene Schranke, so erhalten wir die obige Behauptung.

∎

Lemma 4.3.15. *Es seien P_{m-1} und S_m wie oben. Sind die $t_{m,k}$ die Nullstellen der orthogonalen Polynome S_m mit*

$$0 < t_{m,1} < t_{m,2} < \cdots < t_{m,m} < \|A\|^2,$$

so gilt für

$$P_{m-1}(t) = \frac{1 - S_m(t)}{t}$$

die Abschätzung für $\tau \leq t_{m,1}$

$$q_m(\tau) = \max_{0 \leq t \leq \tau} |P_{m-1}(t)| = P_{m-1}(0) = \sum_{k=1}^{m} \frac{1}{t_{m,k}}.$$

B e w e i s . Wegen

$$S_m(t) = \prod_{k=1}^{m}(1 - \frac{t}{t_{m,k}})$$

ist

$$0 \leq S_m(t) \leq 1 \; in \; [0, t_{m,1}].$$

Weiter folgt

$$S'_m(t) = -\sum_{k=1}^{m} \frac{1}{t_{m,k}} \prod_{\ell \neq k}(1 - \frac{t}{t_{m,\ell}})$$

$$= -S_m(t) \sum_{k=1}^{m} \frac{1}{t_{m,k} - t},$$

also ist

$$S'_m(t) \leq 0 \; in \; [0, t_{m,1}].$$

Schließlich ist

$$S''_m(t) = \sum_{k=1}^{m} \frac{1}{t_{m,k}} \sum_{\ell \neq k} \frac{1}{t_{m,\ell}} \prod_{j \neq k, \ell}(1 - \frac{t}{t_{m,j}}),$$

also

$$S''_m(t) \geq 0 \; in \; [0, t_{m,1}].$$

Damit erhalten wir nach Anwendung der Regel von de l'Hopital

$$P_{m-1}(0) = -S'_m(0) = \sum_{k=1}^{m} \frac{1}{t_{m,k}}.$$

Es ist
$$P'_{m-1}(t) = -\frac{1}{t}S'_m(t) - \frac{1}{t^2}(1 - S_m(t)).$$

Benutzen wir $S_m(0) = 1$, so können wir den Zwischenwertsatz anwenden, und es ergibt sich
$$\frac{S_m(t) - S_m(0)}{t - 0} = S'_m(\tau)$$

für ein $0 < \tau < t$. Wegen der Konvexität ($S''_m \geq 0$) von S ist S'_m in $[0, t_{m,1}]$ monoton wachsend, also erhalten wir
$$\frac{S_m(t) - S_m(0)}{t} \leq S'_m(t)$$

und so ist $P'_{m-1}(t) \leq 0$. Damit ist in $[0, t_{m,1}]$ die Funktion P_{m-1} monoton fallend und nicht negativ. Daraus folgt die Behauptung.

∎

Wählen wir also in Lemma 4.3.14 $\tau \leq (P_{m-1}(0))^{-1} \leq t_{m,1}$, so folgt
$$\tau^2 q_m^2(\tau) \leq 1.$$

Die Abschätzung in Lemma 4.3.14 ergibt zusammen mit der Parameterwahl dann
$$\|T_m g^\varepsilon - A^\dagger g\|^2 \leq C_1 \tau^{-2} \varepsilon^2 + C_2 \rho^2 \tau^{2\nu}.$$

Ist
$$\tau = \theta\left(\frac{\varepsilon}{\rho}\right)^{1/(\nu+1)},$$

so ergibt sich die Abschätzung
$$\|T_m g^\varepsilon - A^\dagger g\| \leq C \varepsilon^{\nu/(\nu+1)} \cdot \rho^{1/(\nu+1)}$$

mit
$$C^2 = C_1 \theta^{-2} + C_2 \theta^{2\nu}.$$

Da τ kleiner gleich $(P_{m-1}(0))^{-1}$ sein muß, hängt die Konstante C über θ von $P_{m-1}(0)$ ab. Die Größe $P_{m-1}(0)$ läßt sich während der Iteration leicht mitberechnen, es gilt mit $P_{-1}(0) = 0$
$$P_m(0) = P_{m-1}(0)\left(1 + \frac{\alpha_m \beta_m}{\alpha_{m-1}}\right) - \frac{\alpha_m \beta_m}{\alpha_{m-1}} + \alpha_m.$$

Damit ist eine Kontrolle über das Verhalten des Fehlers und somit eine sichere Anwendung dieses so effizienten Verfahrens möglich.

4.4 Stochastische Methoden

Einen anderen Zugang zur Lösung der gestörten Operatorgleichung

$$Af = g + \epsilon$$

erhalten wir, wenn wir f, g, ϵ als Werte gemeinsam verteilter Zufallsvariablen betrachten.

4.4.1 Zufallsvariablen

Auf dem Ereignisraum Ω mit Wahrscheinlichkeitsmaß P betrachten wir die hilbertraumwertige Zufallsvariable

$$\xi : \Omega \to X$$

Ist X ein Funktionenraum, so bezeichnen wir ξ auch als stochastischen Prozeß. Für $w \in X$ erhalten wir durch

$$\xi_w = <w, \xi>$$

eine reellwertige Zufallsvariable. Sei nun $\{u_n\}$ ein vollständiges Orthogonalsystem in X, dann liefert

$$\xi_n = <u_n, \xi>$$

unendlich viele gemeinsam verteilte Zufallsvariable.

Im folgenden nehmen wir an, daß ξ den Erwartungswert 0 hat, also

$$E[<w, \xi>] = 0 \; \textit{für alle } w \in X.$$

Dies ist keine Einschränkung, wir können, wenn diese Bedingung nicht erfüllt ist, die Zufallsvariable $\xi' = \xi - E[\xi]$ betrachten. Weiter setzen wir voraus, daß die Zufallsvariable endliches zweites Moment hat, also

$$E[| <f, \xi> |^2] < \infty \; \textit{für alle } f \in X$$

und dieser Erwartungswert sei stetig in f. Dann ist

$$E[<f, \xi><\xi, w>]$$

eine stetige, symmetrische, nichtnegative Bilinearform über X, es existiert also ein stetiger, linearer, selbstadjungierter, nichtnegativer Operator

$$R_{\xi\xi} : X \to X$$

mit
$$< R_{\xi\xi} f, w > = E[< f, \xi >< w, \xi >].$$

Wir nennen R K o v a r i a n z o p e r a t o r .

Beispiel. Es sei $X = L_2(a,b)$ und $\xi(x)$ für $x \in (a,b)$ definiert. Dann können wir den Kovarianzoperator mit der Kovarianzfunktion identifizieren und erhalten die Autokovarianzfunktion als

$$R_{\xi\xi}(x,y) = E[\xi(x) \cdot \xi(y)]$$

und die Anwendung auf eine L_2 Funktion f

$$R_{\xi\xi} f(x) = \int_a^b R_{\xi\xi}(x,y) \, f(y) \, dy.$$

Als w e i ß e s R a u s c h e n bezeichnen wir den Gaußschen Prozeß , für den

$$R_{\xi\xi}(x,y) = \varepsilon^2 \delta(x-y)$$

gilt und somit den Operator

$$R_{\xi\xi} = \varepsilon^2 I.$$

Es seien nun ξ, η gemeinsam verteilte Zufallsvariablen mit

$$\xi : \Omega \to X, \eta : \Omega \to Y.$$

Dann definieren wir den K r e u z — K o v a r i a n z — O p e r a t o r

$$R_{\xi\eta} : Y \to X$$

durch
$$< R_{\xi\eta} g, f > = E[< g, \eta >_Y < f, \xi >_X].$$

4.4.2 Bester Linearer Schätzer

Wie eingangs erwähnt betrachten wir f, g, ϵ als Werte der gemeinsam verteilten Zufallsvariablen ξ, η, ζ mit
$$\xi : \Omega \to X, \quad \eta, \zeta : \Omega \to Y$$
mit
$$A\xi = \eta + \zeta.$$
Unter der Annahme, daß A^{-1} existiert, besteht das inverse Problem in der Schätzung von ξ, wenn ein beobachteter Wert g von η gegeben ist.

Wir nehmen nun an
$$E(\xi) = E(\eta) = 0$$

ξ *und* ζ *sind unkorreliert, also* $R_{\xi\zeta} = 0$

$R_{\zeta\zeta}^{-1}$ *existiert*.

Die letzte Bedingung besagt, daß alle Komponenten der Daten (im Frequenzbereich) gestört sind.

Lemma 4.4.1. *Es gilt*
$$R_{\eta\eta} = AR_{\xi\xi}A^* + R_{\zeta\zeta}$$
$$R_{\xi\eta} = R_{\xi\xi}A^*.$$

B e w e i s . Aus der Definition des Kovarianzoperators folgt

$$\begin{aligned}
< R_{\eta\eta}g, v > &= E[< g, \eta >< v, \eta >] \\
&= E[< g, A\xi - \zeta >< v, A\xi - \zeta >] \\
&= E[< A^*g, \xi >< A^*v, \xi > - < g, \zeta >< A^*v, \xi > \\
&\quad - < A^*g, \xi >< v, \zeta > + < g, \zeta >< v, \zeta >] \\
&= < R_{\xi\xi}A^*g, A^*v > - < R_{\xi\zeta}g, A^*v > - < R_{\xi\zeta}v, A^*g > + < R_{\zeta\zeta}g, v > \\
&= < (AR_{\xi\xi}A^* + R_{\zeta\zeta})g, v > .
\end{aligned}$$

Die zweite Relation folgt ähnlich aus

$$\begin{aligned}
< R_{\xi\eta}g, f > &= E[< g, \eta >< f, \xi >] \\
&= E[< g, A\xi >< f, \xi > - < g, \zeta >< f, \xi >] \\
&= < R_{\xi\xi}A^*g, f > - < R_{\xi\zeta}g, f >
\end{aligned}$$

wobei auch hier der zweite Summand 0 ist.

∎

Um eine klassische Fehlerquadratschätzung durchzuführen, betrachten wir nun einen linearen Schätzer von ξ. Das ist jede Zufallsvariable

$$\xi_L = L\eta$$

wobei

$L : Y \to X$ linear und stetig.

Dann wählen wir

$$f_L = Lg$$

als Lösung der Operatorgleichung.

Das Problem ist nun, die Güte zu messen. Wir schätzen die skalare Zufallsvariable $<w, \xi>$ für gegebenes w durch $<w, L\eta>$, wobei wir $L = L_0$ so wählen, daß

$$\delta^2(\varepsilon; w; L) = E[|<w, \xi - L\eta>|^2] = min! \; für \; alle \; w.$$

Die Frage ist, ob ein solcher Operator L_0 existiert.

Satz 4.4.2. $R_{\zeta\zeta}$ *habe eine stetige Inverse. Dann minimiert*

$$L_0 = R_{\xi\eta}R_{\eta\eta}^{-1} = R_{\xi\xi}A^*\left(AR_{\xi\xi}A^* + R_{\zeta\zeta}\right)^{-1}$$

das Funktional δ^2.

B e w e i s . Da $R_{\zeta\zeta}$ stetig invertierbar ist, besitzt auch $R_{\eta\eta}$ eine stetige Inverse und somit ist

$$L_0 = R_{\xi\eta}R_{\eta\eta}^{-1} : Y \to X \; linear \; und \; stetig.$$

Es gilt

$$E[|<w, \xi - L\eta>|^2] = <(R_{\xi\xi} - 2R_{\xi\eta}L^* + LR_{\eta\eta}L^*)w, w>$$
$$= <(L - L_0)R_{\eta\eta}(L - L_0)^*w, w> + <(R_{\xi\xi} - L_0R_{\eta\eta}L_0^*w), w>$$

denn

$$<(L - L_0)R_{\eta\eta}(L - L_0)^*w, w>$$
$$= <LR_{\eta\eta}L^*w, w> - <(L_0R_{\eta\eta}L^* + LR_{\eta\eta}L_0^*)w, w> + <L_0R_{\eta\eta}L_0^*w, w>.$$

Es ist

$$L_0 R_{\eta\eta} = R_{\xi\eta}R_{\eta\eta}^{-1}R_{\eta\eta} = R_{\xi\eta}$$

und somit

$$<(L_0R_{\eta\eta}L^* + LR_{\eta\eta}L_0^*)w, w> = 2<R_{\xi\eta}L^*w, w>.$$

Das Funktional δ^2 ergibt sich somit aus dem für $L \neq L_0$ positiv definiten Ausdruck

$$(L - L_0) R_{\eta\eta} (L - L_0)^*$$

und einem von L unabhängigen Summanden. Das Minimum wird also für $L = L_0$ angenommen.

∎

Bemerkung. Zum Beweis des Satzes genügt die gegenüber " $R_{\zeta\zeta}^{-1}$ stetig " schwächere Voraussetzung, daß

$$R_{\xi\eta} R_{\eta\eta}^{-1}$$

stetig auf dem Definitionsbereich ist.

Um dieses Ergebnis zu diskutieren, machen wir zunächst die sehr vereinfachende Annahme, daß

$$R_{\xi\xi} = I, \ R_{\zeta\zeta} = \varepsilon^2 I,$$

dann ergibt sich L_0 zu

$$L_0 = A^* (AA^* + \varepsilon^2 I)^{-1} = (A^*A + \varepsilon^2 I)^{-1} A^*.$$

Genau wie bei der Tikhonov – Phillipps Regularisierung hat man zur Bestimmung des besten linearen Schätzers eine regularisierte Normalgleichung zu lösen. Für beliebige Kovarianzoperatoren ergibt sich $f = L_0 g$ auch aus der Minimierung von

$$J(f) = <R_{\zeta\zeta}^{-1}(Af - g), Af - g> + <R_{\xi\xi}^{-1} f, f>$$

$$= \|Af - g\|_1^2 + \|f\|_2^2$$

mit

$$\|g\|_1^2 = <R_{\zeta\zeta}^{-1} g, g>$$

$$\|f\|_2^2 = <R_{\xi\xi}^{-1} f, f>.$$

Je nach Hintergrund oder Vorliebe läßt sich also sagen: *Der beste lineare Schätzer ist ein spezielles Tikhonov – Phillips Verfahren* oder *Das Tikhonov – Phillips Verfahren ist ein spezieller linearer Schätzer.*

Schließlich wollen wir dieses stochastische Verfahren als ein Filter interpretieren. Es sei $\{v_n, u_n, \sigma_n\}$ ein vollständiges singuläres System des Operators A. Durch

$$\xi_n = <\xi, v_n>, \ \zeta_n = <\zeta, u_n>$$

erhalten wir unendlich viele skalare Zufallsvariable. Bezeichnet

$$\rho_n^2 \ Varianz \ von \ \xi_n$$

$$\varepsilon^2 \nu_n^2 \; Varianz \; von \; \zeta_n$$

so ist
$$R_{\xi\xi} f = \sum_n \rho_n^2 <f, v_n> v_n$$

$$R_{\zeta\zeta} g = \varepsilon^2 \sum_n \nu_n^2 <g, u_n> u_n.$$

Für den besten linearen Schätzer erhalten wir somit

$$f = \sum_n \frac{\sigma_n \rho_n^2}{\sigma_n^2 \rho_n^2 + \varepsilon^2 \nu_n^2} <g, u_n> v_n$$
$$= \sum_n \frac{\sigma_n}{\sigma_n^2 + \varepsilon^2 \nu_n^2 \rho_n^{-2}} <g, u_n> v_n$$
$$= \sum_n F_n \sigma_n^{-1} <g, u_n> v_n$$

wobei das Filter F_n gegeben ist durch

$$F_n = \frac{\sigma_n^2}{\sigma_n^2 + \varepsilon^2 \nu_n^2 \rho_n^{-2}}$$
$$= (1 + \varepsilon^2 \nu_n^2 \sigma_n^{-2} \rho_n^{-2})^{-1}$$
$$= 1 - \exp(-2J_n)$$

mit
$$J_n = \frac{1}{2} \ln(1 + \frac{\sigma_n^2 \rho_n^2}{\varepsilon^2 \nu_n^2})$$

Ist
$$r_n^2 = \frac{\sigma_n^2 \rho_n^2}{\varepsilon^2 \nu_n^2} = \frac{|E(\xi_n \eta_n)|^2}{E(|\xi_n|^2) E(|\eta_n|^2)}$$

so ergibt sich
$$J_n = -\frac{1}{2} \ln(1 - r_n^2)$$

als Korrelationskoeffizient von ξ_n und η_n.

Enthält also g_n zu wenig Information über f_n, dann werden die entsprechenden Komponenten in der Lösung verkleinert.

4.4.3 Bayes – Schätzung

Wir gehen davon aus, daß eine a - priori Verteilung $\bar{f}$ der gesuchten Lösung f bekannt ist. Weiter interpretieren wir die Beobachtungen $Af = g$ als a - posteriori Verteilung. Die B a y e s — S c h ä t z u n g ist dann der bedingte Erwartungswert von ξ unter der Annahme, daß wir $\eta = g$ beobachten. Wir setzen voraus, daß die Zufallsvariablen n o r m a l v e r t e i l t sind. Als G a u ß — M a ß auf X definieren wir das Borelmaß auf X so, daß für jedes $\xi \in X$ die meßbare Funktion $<\xi, \cdot>$ normalverteilt ist, das heißt, es existieren reelle Zahlen m_ξ und σ_ξ, so daß

$$P\{w \in X :<\xi, w>\leq a\} = \int_{-\infty}^{a} \frac{1}{\sqrt{2\pi}\sigma_\xi} e^{-\frac{(t-m_\xi)^2}{2\sigma_\xi}} dt.$$

Für die Variable $\theta = (\xi, \eta)$ können wir wie im letzten Abschnitt den Kreuz - Kovarianz - Operator definieren als

$$R_{\theta\theta} = \begin{pmatrix} R_{\xi\xi} & R_{\xi\eta} \\ R_{\eta\xi} & R_{\eta\eta} \end{pmatrix}$$

$$= \begin{pmatrix} R_{\xi\xi} & R_{\xi\xi}A^* \\ AR_{\xi\xi} & AR_{\xi\xi}A^* + R_{\zeta\zeta} \end{pmatrix}$$

gemäß Lemma 4.4.2.

Für die B a y e s — S c h ä t z u n g ergibt sich auf Grund des Satzes von Bayes folgende Darstellung.

Satz 4.4.3. $R_{\xi\xi}$ *habe eine stetige Inverse. Dann ist die Bayes - Schätzung gegeben durch*

$$f_B = \bar{f} + R_{\xi\xi}A^*(AR_{\xi\xi}A^* + R_{\zeta\zeta})^{-1}(g - A\bar{f})$$
$$= \bar{f} + L_0(g - A\bar{f})$$

mit dem besten linearen Schätzer aus Satz 4.4.2.

Auch hier läßt sich die Bayes - Schätzung als Tikhonov - Phillips Regularisierung interpretieren mit

$$J(f) = \|Af - g\|_1^2 + \|f - \bar{f}\|_2^2$$

mit den Normen aus Abschnitt 4.4.2.

4.5 Projektionsverfahren

Bislang haben wir Regularisierungsverfahren in Hilberträumen studiert, weil Normalgleichung und verallgemeinerte Inverse benutzt wurden. Die jetzt zu diskutierenden Projektionsverfahren lassen sich in sehr einfacher Weise in Banachräumen formulieren, und ein wichtiges Beispiel, das wir diskutieren werden, ist nicht direkt auf Hilberträume übertragbar.

Seien X, Y Banachräume und $A : X \to Y$ linear, stetig, injektiv. Dann betrachten wir wieder die Operatorgleichung
$$Af = g.$$

Projektionsverfahren werden charakterisiert durch Folgen endlichdimensionaler Räume
$$\{X_h\}_h \subset X,$$
$$\{Y_h^*\}_h \subset Y^*.$$

Es wird eine Näherungslösung im Teilraum X_h gesucht. Die Gleichheit von Operator angewandt auf die Elemente im Unterraum und Inhomogenität wird durch die Funktionale in Y_h^* beschrieben. Als Näherungslösung bestimmen wir

$$f_h \in X_h \; mit \; \psi A f_h = \psi g \; für \; alle \; \psi \in Y_h^*. \qquad (4.5.1)$$

Wir nehmen an, daß f_h eindeutig bestimmt ist. Dies ist eine Bedingung an die Wahl von Y_h^* in Abhängigkeit von X_h. Diese Forderung stellt keine starke Einschränkung dar, hat aber den Vorteil, daß die im folgenden definierte Abbildung Q_h nicht mengenwertig ist.

Wir führen die Abbildungen
$$P_h : X \to X_h$$

und
$$Q_h : Y \to X_h$$

mit

$$X \xrightarrow{A} Y$$
$$P_h \searrow \swarrow Q_h$$
$$X_h$$

ein. Es ist dann
$$\psi A P_h = \psi A \; und \; \psi A Q_h = \psi$$

für alle $\psi \in Y_h^*$. Q_h ordnet also einem Element $g \in Y$ die Näherungslösung f_h zu. Es folgt aus (4.5.1)
$$f_h = Q_h g \; , \; denn \; \psi A Q_h g = \psi g$$

und
$$f_h = P_h f, \text{ denn } \psi A P_h f = \psi A f.$$

In Banachräumen ist wegen des fehlenden Skalarprodukts $A^\dagger$ nicht erklärt. Wir verwenden deshalb

Definition 4.5.1. *Sei $A : X \to Y$ linear, stetig und injektiv. Sei $T_\gamma : Y \to X$ stetig und*
$$\lim_{\gamma \to 0} T_\gamma A f = f$$
für alle $f \in X$. Dann nennen wir T_γ ein R e g u l a r i s i e r u n g s v e r f a h r e n.

Wir überlegen uns sofort, daß im Falle von Hilberträumen diese Definition mit Definition 3.3.1 übereinstimmt.

Wir werden nun die Projektionsverfahren als Regularisierungen studieren. Die Rolle des Regularisierungsparameters übernimmt die Schrittweite h, die Regularisierung ist Q_h. Diese Abbildung ist im Falle eines invertierbaren A gegeben als $Q_h = P_h A^{-1}$.

Für alle $u \in X_h$ ist
$$P_h u = u \iff (I - P_h)u = 0.$$

Somit folgt
$$f - f_h = (I - P_h)f = (I - P_h)(f - u) \text{ für alle } u \in X_h$$

und es gilt
$$\|f - f_h\| \leq (1 + \|P_h\|) \cdot \text{dist}(f, X_h)$$

mit
$$\text{dist}(f, X_h) = \inf\{\|f - v\| : v \in X_h\}.$$

Definition 4.5.2. *Ein Projektionsverfahren heißt q u a s i o p t i m a l, wenn $\|P_h\| \leq c_P$ mit einer von h unabhängigen Konstante c_P.*

Satz 4.5.3. *Es gelte $\text{dist}(f, X_h) \to 0$ für $h \to 0$. Dann sind folgende Aussagen äquivalent*
i) $Q_h : Y \to X$ ist ein lineares Regularisierungsverfahren.
ii) Das Projektionsverfahren ist quasioptimal.

B e w e i s. Aus der Quasioptimalität folgt
$$\|f - f_h\| = \|f - Q_h g\| \leq (1 + \|P_h\|)\,\text{dist}(f, X_h)$$
$$\leq (1 + c_P)\,\text{dist}(f, X_h).$$

Ist $\{X_h\}$ dicht in X in dem Sinn

$$\text{dist}(f, X_h) \to 0,$$

so konvergiert $Q_h A$ gegen die Identität. Für festes h ist Q_h stetig, also ist Q_h eine Regularisierung.

Sei nun Q_h ein Regularisierungsverfahren. Dann folgt wegen $Q_h A = P_h$ aus der punktweisen Konvergenz der $Q_h A \to I$ die punktweise Konvergenz von $P_h \to I$. Dann folgt aus dem Satz von Banach – Steinhaus

$$\|P_h\| \leq c_P,$$

also die Quasioptimalität des Projektionsverfahrens. ∎

Stehen nur gestörte Daten g^ε zur Verfügung, so erhalten wir folgende Abschätzung für den Gesamtfehler.

Satz 4.5.4. *Seien $g, g^\varepsilon \in Y$ mit $\|g - g^\varepsilon\| \leq \varepsilon$. Dann gilt für die Näherungslösung f_h^ε die Fehlerabschätzung*

$$\|f - f_h^\varepsilon\| = \|f - Q_h g^\varepsilon\| \leq (1 + \|P_h\|)\text{dist}(f, X_h) + \|Q_h\|\varepsilon.$$

Der Begriff der Quasioptimalität spielt bei der Konvergenzuntersuchung gut gestellter Probleme eine entscheidende Rolle. Für den Datenfehler folgt dort

$$\|Q_h\| \leq \|P_h\| \cdot \|A^{-1}\| = c_Q \ \textit{unabhängig von } h.$$

Bei schlecht gestellten Problemen ist eine solche Abschätzung wegen der Unbeschränktheit von A^{-1} nicht mehr zu erwarten. Um nun wieder Aussagen über die Regularisierungsordnung zu machen, benötigen wir eine weitere Eigenschaft der Projektionsverfahren. Für $u \in X_h$ ist

$$u = Q_h A u,$$

somit

$$\|u\| \leq \|Q_h\| \cdot \|Au\|,$$

also

$$\|Q_h\| \geq \alpha_h = \sup\{\|u\| : u \in X_h, \|Au\| = 1\}.$$

Das so definierte α_h hängt nur noch von X_h, nicht aber von Y_h^*, ab. Bei unbeschränktem A^{-1} gilt aber

$$\alpha_h \to \infty \ \textit{für } h \to 0.$$

Definition 4.5.5. *Das Projektionsverfahren Q_h heißt r o b u s t , wenn unabhängig von h gilt*

$$\|Q_h\|\alpha_h^{-1} \leq c_Q.$$

Folgerung. Ist das Verfahren quasioptimal und robust, so gilt

$$\|f - f_h^\varepsilon\| \leq C\bigl(\text{dist}(f, X_h) + \varepsilon\alpha_h\bigr).$$

Bemerkung. Diese Abschätzung kann durch die Wahl von Y_h^* nicht beeinflußt werden. Auch hier ist der Gesamtfehler dargestellt als Summe aus Diskretisierungsfehler und Datenfehler.

Es stellt sich nun die Frage, ob durch geeignete Wahl von X_h ein ordnungsoptimales Verfahren angegeben werden kann, das heißt, ob wir den Gesamtfehler durch $c\varepsilon^{\nu/(\nu+1)} \cdot \rho^{1/(\nu+1)}$ abschätzen können. Offensichtlich kann diese Diskussion, selbst im Falle von Hilberträumen, nicht auf einfache Weise über die Singulärwertzerlegung von A geführt werden.

Zunächst sollen einige Projektionsverfahren vorgestellt werden.

Die Fehlerquadratmethode

Es sei Y ein Hilbertraum und $Y_h^* = AX_h \subset Y = Y^*$. Ist

$$X_h = \text{span}\{\varphi_1, \ldots, \varphi_n\},$$

dann ist

$$Y_h^* = \text{span}\{A\varphi_1, \ldots, A\varphi_n\}.$$

Die Näherungslösung f_h können wir darstellen als

$$f_h = \sum_{\nu=1}^{n} \alpha_\nu \varphi_\nu.$$

Aus $\psi A f_h = \psi g$ entsteht

$$<\psi, Af_h> = <A\varphi_\mu, \sum_{\nu=1}^{n} \alpha_\nu A\varphi_\nu>$$

$$<\psi, g> = <A\varphi_\mu, g>$$

für $\mu = 1, \ldots, n$. Dies ist ein lineares Gleichungssystem für die Entwicklungskoeffizienten α_ν der Form
$$B\alpha = G$$
mit
$$B_{\mu\nu} = <A\varphi_\mu, A\varphi_\nu> = <\varphi_\mu, A^*A\varphi_n u>$$
$$G_\mu = <A\varphi_\mu, g> = <\varphi_\mu, A^*g>.$$

Man kann somit f_h auch bestimmen durch Minimierung des Defektes
$$\|Au - g\|^2 \text{ in } X_h,$$
was dem Verfahren den Namen gegeben hat.

Das Ritz-Verfahren

Hier sei $X = Y$ ein Hilbertraum und A selbstadjungiert und positiv definit. Wir wählen $Y_h^* = X_h$. Dann gilt hier
$$<\varphi_\mu, Af_h> = <\varphi_\mu, g> \quad für \ \mu = 1, \ldots, n.$$

Das Gleichungssystem hat die Form
$$B\alpha = G$$
mit
$$B_{\mu\nu} = <\varphi_\mu, A\varphi_\nu>$$
$$G_\mu = <\varphi_\mu, g>.$$

Dieselbe Lösung f_h erhält man auch, wenn man das Funktional
$$J(u) = <u, Au> - 2<u, g>$$
in X_h minimiert.

Das Kollokationsverfahren

Eine gegenüber den bisher vorgestellten Methoden grundlegend unterschiedliche Wahl der Funktionale kennzeichnet das Kollokationsverfahren. Sei $Y = C(\bar{\Omega})$, also der Raum der stetigen Funktionen auf $\bar{\Omega}$ mit beschränktem Ω. Die Funktionale aus Y_h^* sollen nun die Punktauswertungen an Stellen in $\bar{\Omega}$ sein. Damit können wir Y_h^* darstellen als
$$Y_h^* = \text{span}\{\delta_{t_1}, \ldots \delta_{t_n}\}$$

also
$$\delta_{t_k} y = y(t_k), \ t_k \in \bar{\Omega}.$$

Es entsteht hier folgendes Gleichungssystem.
$$<\psi, Af_h> = <\psi, g>,$$

also
$$\sum_{\nu=1}^{n} \alpha_\nu A\varphi_\nu(t_\mu) = g(t_\mu), \ \mu = 1, \ldots, n.$$

Das ergibt das Gleichungssystem
$$B_{\mu\nu} = A\varphi_\nu(t_\mu)$$
$$G_\mu = g(t_\mu).$$

Bei den bisher beschriebenen Verfahren treten Probleme bei der Berechnung der Koeffizienten der Matrix B und des Vektors G auf. Setzt man numerische Verfahren ein, so entsteht etwa aus dem Fehlerquadratverfahren das **Fehlerquadrat-Kollokationsverfahren**.

Der Nachweis von Quasioptimalität und Robustheit muß nun in jedem einzelnen Fall durchgeführt werden. Am einfachsten gelingt er bei der Fehlerquadratmethode.

Satz 4.5.6. *Die Fehlerquadratmethode ist robust. Existiert eine Konstante $c > 0$, so daß für alle $f \in X$ ein $u \in X_h$ existiert mit*
$$\|f - u\| + \alpha_h \|A(f - u)\| \leq c\|f\|,$$
dann ist die Fehlerquadratmethode quasioptimal.

B e w e i s . Die Fehlerquadratmethode ist definiert durch
$$<Af_h, Au> = <g, Au> \ \ für \ alle \ u \in X_h.$$

Setzt man insbesondere $u = f_h$, so folgt
$$\|Af_h\|^2 = <g, Af_h> \leq \|g\|\|Af_h\|$$

also
$$\|Af_h\| \leq \|g\|.$$

Aus $f_h = Q_h g$ folgt
$$\|AQ_h g\| \leq \|g\|,$$

also falls $AQ_hg \neq 0$ ist gilt

$$\|Q_hg\| = \frac{\|Q_hg\|}{\|AQ_hg\|}\|AQ_hg\| \leq \alpha_h\|g\|.$$

Ist $AQ_hg = 0$ so ist auch $Q_hg = 0$. Somit ist das Verfahren robust.

Um die Quasioptimalität zu zeigen, betrachten wir $u \in X_h$. Es ist

$$Q_hAu = u$$

und somit gilt bei geeigneter Wahl von u

$$\|P_hf - f\| = \|Q_hA(f-u) + u - f\|$$
$$\leq \|Q_h\|\|A(f-u)\| + \|f-u\|$$
$$\leq \alpha_h\|A(f-u)\| + \|f-u\|$$
$$\leq c\|f\|$$

nach Voraussetzung. Also gilt

$$\|P_h\| \leq 1 + c,$$

was die Quasioptimalität zur Folge hat.

∎

Um asymptotische Aussagen über den Gesamtfehler zu erhalten, verwenden wir Hilbert – Skalen. Der Einfachheit halber beschränken wir die Diskussion hier auf Sobolev – Räume. Wir nehmen nun an, daß

$$A: L_2 \to L_2$$

und

$$\|Af\|_{L_2} \sim \|f\|_{H^{-\alpha}},\ \alpha > 0,$$

also existieren $\gamma, \Gamma > 0$ mit

$$\gamma\|f\|_{H^{-\alpha}} \leq \|Af\|_{L_2} \leq \Gamma\|f\|_{H^{-\alpha}}.$$

Dies ist also eine Bedingung an die Glättungseigenschaft des Operators A wie wir sie in Abschnitt 3.2 besprochen haben.

Als Unterräume wählen wir zum Beispiel Finite Elemente Räume. Diese sind unter anderem dadurch gekennzeichnet, daß ihre kanonischen Basisfunktionen kleine Träger haben. Bei Anwendungen auf Differentialgleichungen liefert das den Vorteil, daß die Matrizen in den Gleichungssystemen dünn besetzt sind. Bei der Anwendung auf Integralgleichungen geht dieser Vorteil verloren. Uns interessiert hier nur die Approximationseigenschaft dieser Räume.

Wir benötigen folgende Annahmen. Die Räume X_h haben die i n v e r s e E i g e n - s c h a f t

$$\|u\|_{H^s} \leq c_{t,s} h^{t-s} \|u\|_{H^t} \text{ für } u \in X_h, t \leq s$$

und die A p p r o x i m a t i o n s e i g e n s c h a f t

$$\inf\{\|f - u\|_{L_2} : u \in X_h\} \leq C_s \|f\|_{H^s} h^s \, , \, s \leq k.$$

Beispiel. Sei Ω trianguliert, also $\bar{\Omega} = \cup T$, wobei die Dreiecke T gewisse Einschränkungen bezüglich Winkel und Größe erfüllen müssen, so sei

$$X_{h,k} = \{f \in C(\bar{\Omega}) : f|_T \in \Pi_{k-1}\}.$$

Dabei sei h längste Seite der Dreiecke T. Ist nun $X_h = X_{h,k}$ mit $k \geq \alpha + 2$, so ergibt die inverse Eigenschaft für

$$\alpha_h = \sup\{\|u\| : u \in X_h, \|Au\| = 1\}$$

mit $s = 0, t = -\alpha$

$$\|u\| \leq c_{-\alpha,0} h^{-\alpha} \|u\|_{H^{-\alpha}} \leq c h^{-\alpha} \|Au\|_{L_2}$$

und somit

$$\alpha_h \leq c h^{-\alpha}.$$

Für $f \in H^\beta(\Omega)$ ist

$$\text{dist}(f, X_h) \leq h^\beta \|f\|_{H^\beta}.$$

Betrachten wir nun die regularisierende Wirkung von Projektionsverfahren, so ergibt Satz 4.5.4

$$\|f - f_h^\varepsilon\| \leq c\,\text{dist}(f, X_h) + c_Q \alpha_h \varepsilon$$
$$\leq c(h^\beta \|f\|_{H^\beta} + c_Q h^{-\alpha} \varepsilon)$$
$$\leq c \varepsilon^{\beta/(\alpha+\beta)} \|f\|_{H^\beta}^{\alpha/(\alpha+\beta)}$$

falls

$$h = \left(\frac{\varepsilon}{\|f\|_{H^\beta}}\right)^{1/(\alpha+\beta)}$$

Satz 4.5.7 *Sei $\nu = \beta/\alpha$. Dann ist die Fehlerquadratmethode für die Finite Elemente Räume $X_{h,k}$, $k \leq \alpha + 2$ ordnungsoptimal mit der Parameterwahl*

$$h = \left(\frac{\varepsilon}{\|f\|_{H^\beta}}\right)^{1/(\alpha+\beta)}.$$

Projektionsverfahren mit speziellen Ansatzfunktionen können wir als Filterung der verallgemeinerten Inverse interpretieren. Sei

$$x_h = \text{span}\{v_1, \cdots, v_N\}.$$

Dann ergibt sich die Matrix B bei der Fehlerquadratmethode zu

$$\begin{aligned} B_{\mu,\nu} &= <Av_\mu, Av_\nu> \\ &= \sigma_\mu \sigma_\nu <u_\mu, u_\nu> \\ &= \sigma_\mu^2 \delta_{\mu\nu}. \end{aligned}$$

Die Matrix B ist also die Diagonalmatrix mit den Elementen σ_μ^2 für $\mu = 1, \cdots, N$. Die rechte Seite des Gleichungssystems ist

$$\begin{aligned} G_\mu &= <Av_\mu, g> \\ &= \sigma_\mu <u_\mu, g>. \end{aligned}$$

Die Entwicklungskoeffizienten sind dann sofort abzulesen als

$$\alpha_\mu = \frac{1}{\sigma_\mu} <u_\mu, g>.$$

Die Lösung stimmt mit der abgeschnittenen Singulärwertzerlegung überein, also

$$f_h = \sum_{\mu=0}^{N} \frac{<g, u_\mu>}{\sigma_\mu} v_\mu.$$

Natürlich ist es viel zu aufwendig, den Unterraum aus den singulären Funktionen aufzuspannen, aber wegen der Vollständigkeit der singulären Funktionen kann jede Basis eines Unterraumes durch diese Elemente repräsentiert werden, die Lösungen lassen sich dann als gefilterte Singulärwertzerlegung auffassen.

4.6 Bemerkungen und Literaturhinweise

Eine erste Übersicht über verschiedene Regularisierungsverfahren ist die Arbeit von Bertero – de Mol – Viano [9]. In der Ingenieurliteratur sind Filtertechniken wohlbekannt. Die Verwendung der abeschnittenen Singulärwertzerlegung ist zum ersten Male beschrieben in Miller [76].

Die Tikhonov – Phillips Regularisierung geht auf Phillips [92] und Tikhonov [112] zurück. Dieses Verfahren ist ausführlich studiert worden, siehe Engl [21], Gfrerer [29], Groetsch[37,38], King – Neubauer[53], Locker – Prenter [62], Louis [65], Natterer [83], Neubauer [86,87], Schock [101], Tikhonov – Arsenin [113], Vainikko [118,119]. Zur Regularisierung sind unterschiedliche Operatoren benutzt worden, Identität und Differentialoperatoren sind am meisten verbreitet. Die Beobachtung, daß man auch kompakte Operatoren zur Regularisierung benutzen kann, ist für spezielle Operatoren enthalten in Natterer [83]. Eine Variante der Tikhonov – Phillips Regularisierrung sind die iterierten Tikhonov Verfahren, bei denen höhere Optimalitätsordnungen bei glatten Lösungen erreicht werden.

Die Untersuchung der verschiedenen Optimalitätsbedingungen ist für das klassische Tikhonov – Phillips Verfahren mit der Identität als Strafterm in Vainikko [119] durchgeführt. Ordnungsoptimalitätsaussagen sind auch bei den oben genannten Autoren zu finden.

Die Idee der Regularisierung wird auch angewandt, um Existenzsätze für parabolische und hyperbolische Differentialgleichungen zu beweisen. Sie sind als elliptische und parabolische Regularisierung bekannt, siehe etwa Lions [61]. Auch die Einführung künstlicher Vioskosität bei der numerischen Lösung von Problemen der Strömunsgmechanik ist eine Variante der Tikhonov – Phillips Regularisierung, siehe etwa Carey –Krishnan [13].

Die regularisierende Wirkung von Iterationsverfahren ist schon früh beobachtet worden. Für Vergleichskriterien bei Iterationsverfahren sei auf die Arbeiten von Schock [102,103] verwiesen. Das älteste der hier diskutierten Verfahren ist das Landweber Verfahren, siehe [58], das auch von einer Reihe anderer Autoren vorgeschlagen wurde. Die Aussage über asymptotische Optimalität, Satz 4.3.4, stammt von Vainikko [119]. Eine weitere Möglichkeit, Iterationsverfahren zu erzeugen, ist die Zeitdiskretisierung von parabolischen Anfangswertaufgaben. Durch Diskretisierung von $\frac{\partial f}{\partial t}$ mit Schrittweite 1 entsteht $f^{m+1} - f^m$, siehe Groetsch [36], Vainikko [119]. Zu erwähnen bei den linearen Verfahren sind schließlich die semiiterativen Verfahren, siehe etwa Schock [103].

Das Verfahren der konjugierten Gradienten ist von Hestenes – Stiefel [45] angegeben worden. Zur Herleitung des Verfahrens siehe auch Luenberger [72]. Konvergenzuntersuchungen bei nicht stetig invertierbaren Operatoren sind zunächst bei ungestörter rechter Seite durchgeführt worden. Das erste Ergebnis stammt von Kammerer – Nashed [51]. Die Frage der optimalen Konvergenzordnung wurde in den Arbeiten von Louis [67], Lemma

4.3.8, und Brakhage [10], Lemma 4.3.9, in der schwächeren A – Norm geklärt. Die Übertragung der Ergebnisse auf die Norm von X selbst, ist von Brakhage [10], Lemma 4.3.10 durchgefeführt worden. Er benutzt ein Ergebnis von Trench [114], siehe Lemma 4.3.11.

Die Eigenschaft, daß das Verfahren der konjugierten Gradienten bei keiner a – priori Parameterwahl ein Regularisierungsverfahren ist, wurde in Eicke – Louis – Plato [20] beobachtet. Die Frage nach einer a – posteriori Parameterwahl ist bei Nemirov'skii [85] auch für den Fall gestörter Operatoren untersucht. Über Satz 4.3.14 und Lemma 4.3.15 hinausgehende Ergebnisse sind in dieser Arbeit zu finden.

Regularisierungsverfahren spielen natürlich auch in der Stochastik eine große Rolle. In Abschnitt 4.4 sind nur einige grundlegende Überlegungen notiert. Als Hintergrund sei auf Kuo [57], Papoulis [90], Priestley [91] verwiesen. Die Darstellung in 4.4.2 folgt Bertero – de Mol – Viano [9]. Für die Anwendung der Bayes – Schätzung auf die Radon – Transformation siehe Herman [42].

Die regularisierende Wirkung der Projektionsverfahren ist von Natterer [79] beobachtet worden. Kapitel 4.5 lehnt sich in weiten Teilen an diese Arbeit. Die Frage der a – posteriori Parameterwahl ist untersucht von King – Neubauer [53], Neubauer [86,87] und Plato [93]. Es wird eine Kombination von Diskretisierung und anschließender Regularisierung vorgeschlagen, weil das Aufstellen der Gleichungssysteme bei geänderter Schrittweite sehr aufwendig ist. Es ist günstiger, etwas zu fein zu diskretisieren, und dann die die diskreten Probleme zu regularisieren.

5 Numerische Realisierung

Die im letzten Kapitel diskutierten Regularisierungsverfahren müssen für die praktische Durchführung diskretisiert werden, wir benötigen endlichdimensionale Versionen dieser Verfahren, so wie sie bei den Projektionsverfahren direkt entstehen. Die bei den hier untersuchten linearen Problemen entstehenden Abbildungen $A \in L(I\!\!R^n, I\!\!R^m)$ werden durch $m \times n$ - Matrizen beschrieben. Neben quadratischen Matrizen, $m = n$, treten unterbestimmte Gleichungssysteme, $m < n$, und überbestimmte Gleichungssysteme, $m > n$, auf. Wir wollen zunächst die Lösung linearer Gleichungssysteme diskutieren, und dann studieren, welche Rolle die Schlechtgestelltheit hier spielt. Danach werden wir verschiedene Regularisierungsverfahren betrachten und die Wirkung an einem Testbeispiel untersuchen.

5.1 Lösbarkeit linearer Gleichungssysteme

Im folgenden sei A eine $m \times n$ - Matrix und $g \in I\!\!R^m$. Mit A^* bezeichnen wir die " adjungierte " Matrix, also bei reellen Matrizen die transponierte Matrix und bei komplexen Matrizen die Hermitesche Matrix. Entsprechendes gilt für Vektoren x^*. Ist $m = n$ und die Matrix A regulär, dann ist das Gleichungssystem $Af = g$ mit $f \in I\!\!R^n$ eindeutig lösbar.

Auch im Endlichdimensionalen können wir den Bildraum $I\!\!R^m$ aufspalten in

$$I\!\!R^m = \mathcal{R}(A) \oplus \mathcal{N}(A^*).$$

Wegen $\dim \mathcal{R}(A) < \infty$ ist $\mathcal{R}(A)$ abgeschlossen, und deshalb ist die inverse Abbildung A^{-1} auf $\mathcal{R}(A)$ stetig. Das Gleichungssystem $Af = g$ ist lösbar, wenn $g \in \mathcal{R}(A) = \mathcal{N}(A^*)^\perp$ ist, wenn also die aus der F r e d h o l m — Alternative bekannte Bedingung

$$A^*g = 0$$

erfüllt ist.

Wie in Kapitel 3 führen wir verallgemeinerte Lösungen ein. Hat die Matrix maximalen Rang, dann sehen wir sofort, daß die verallgemeinerte Lösung des unterbestimmten Systems $Af = g$,

$$f^\dagger = A^\dagger g,$$

sich als sie eindeutige Lösung der Normalgleichung

$$A^*Af^\dagger = A^*g$$

ergibt. Liegt ein überbestimmtes System vor, so ist die verallgemeinerte Lösung im Falle maximalen Ranges der Matrix A die eindeutig bestimmte Lösung der quadratischen Gleichung

$$AA^*z = g$$

und

$$f^\dagger = A^*z.$$

Es ist dann $Af^\dagger = g$, und wegen $f^\dagger \in \mathcal{R}(A^*)$ ist $f \in \mathcal{N}(A)^\perp$, das heißt, $f^\dagger$ hat unter allen Elementen, die $Af = g$ lösen, minimale Norm.

Die Singulärwertzerlegung kompakter Operatoren können wir auf Matrizen übertragen. Es ergibt sich folgende Zerlegung.

Satz 5.1.1. *Sei A eine $m \times n$ - Matrix. Dann existiert eine unitäre $m \times m$ - Matrix U und eine unitäre $n \times n$ - Matrix V mit*

$$A = U \begin{pmatrix} \Sigma & 0 \\ 0 & 0 \end{pmatrix} V^*$$

mit einer Diagonalmatrix $\Sigma = \mathrm{diag}(\sigma_1, \cdots, \sigma_r)$, $\sigma_r > 0$. Die σ_i sind die Singulärwerte von A, die σ_i^2 sind die Eigenwerte von A^*A und von AA^*, und r ist der Rang von A.

B e w e i s . Es sei $m < n$. Die Matrix AA^* ist symmetrisch und positiv semidefinit, denn

$$x^*AA^*x = \|A^*x\|^2 \geq 0.$$

Es existieren m Eigenwerte $\lambda_k \geq 0$ und m normierte Eigenvektoren u_k. Die Matrix

$$U = (u_1, \cdots, u_r)$$

erfüllt also

$$U^*U = I$$

und ist somit unitär. Sei nun $\lambda_k > 0$ für $k = 1, \cdots, r$ und $\lambda_{r+1} = \cdots = \lambda_m = 0$.

Wir definieren für $k \leq r$ die Vektoren

$$v_k = \lambda_k^{-1/2} A^* u_k.$$

Dann ist

$$\begin{aligned} v_k^* v_\ell &= (\lambda_k \lambda_\ell)^{-1/2} (A^* u_k)^* A^* u_\ell \\ &= (\lambda_k \lambda_\ell)^{-1/2} u_k^* A A^* u_\ell \\ &= \left(\frac{\lambda_\ell}{\lambda_k}\right)^{1/2} u_k^* u_\ell \\ &= \left(\frac{\lambda_\ell}{\lambda_k}\right)^{1/2} \delta_{k\ell} \\ &= \delta_{k\ell}. \end{aligned}$$

Spalten wir den $\mathbb{R}^n$ auf in
$$\mathbb{R}^n = \mathcal{R}(A^*) \oplus \mathcal{N}(A),$$
so ist $\dim \mathcal{R}(A^*) = \mathcal{R}(A^*) = \mathcal{R}(AA^*) = r$, die $v_1, \cdots, v_r$ bilden eine Basis von $\mathcal{R}(A^*)$. Diese werden nun durch orthonormale Vektoren aus $\mathcal{N}(A)$ zu einer Basis des $\mathbb{R}^n$ ergänzt, die damit gebildete Matrix $V = (v_1, \cdots, v_n)$ ist unitär. Es gilt

$$u_k^* A v_\ell = \begin{cases} 0, & \text{für } \ell < r, \text{ da } A v_\ell = 0 \\ u_k^* A A^* u_\ell \lambda_\ell^{-1/2} & \text{für } 1 \leq \ell \leq r \end{cases}$$
$$= \begin{cases} 0 \\ \lambda_\ell^{-1/2} \delta_{k\ell}. \end{cases}$$

Daraus folgt

$$U^* A V = \begin{pmatrix} \sigma_1^{1/2} & & & \\ & \ddots & & 0 \\ & & \sigma_r^{1/2} & \\ & 0 & & 0 \end{pmatrix}$$

und schließlich
$$A = USV^*$$
mit
$$S = \begin{pmatrix} \Sigma & 0 \\ 0 & 0 \end{pmatrix}.$$

■

Wie im unendlichdimensionalen Fall können wir die verallgemeinerte Inverse mit Hilfe der Singulärwerte darstellen.

Satz 5.1.2. *Es gilt*
i)
$$A^\dagger = V S^\dagger U^*$$
mit
$$S^\dagger = \begin{pmatrix} \Sigma^{-1} & 0 \\ 0 & 0 \end{pmatrix}.$$

ii) *Die verallgemeinerte Lösung von $Af = g$ ist*
$$f^\dagger = \sum_{k=1}^r \sigma_k^{-1} <g, u_k> v_k.$$

iii) *Im Falle der Euklidschen Norm ist die Kondition für $\sigma_1 \geq \cdots \lambda_r$ gegeben durch*
$$\kappa(A) := \|A\| \, \|A^\dagger\| = \frac{\sigma_1}{\sigma_r}.$$

Invertierbare linearere Operatoren im endlichdimensionalen Fall sind stetig invertierbar sind, die Rolle der Unbeschränktheit übernimmt hier die "schlechte Kondition".

Der Einfluß der schlechten Kondition wird an folgendem einfachen Beispiel klar.

Sei $0 < \delta \in I\!R$ und
$$A = \begin{pmatrix} 1+\delta^2 & 1 \\ 1 & 1+\delta^2 \end{pmatrix}. \tag{5.1.1}$$

Dann hat A die Eigenwerte λ_k
$$\lambda_1 = 2+\delta^2, \quad \lambda_2 = \delta^2,$$
und die normierten Eigenvektoren
$$x_1 = \frac{1}{\sqrt{2}} \begin{pmatrix} 1 \\ 1 \end{pmatrix}, \quad x_2 = \frac{1}{\sqrt{2}} \begin{pmatrix} 1 \\ -1 \end{pmatrix}.$$

Die Kondition der Matrix A ist also
$$\kappa(A) = \frac{2+\delta^2}{\delta^2}.$$

Die Lösung von $Af = g$ hat die Darstellung
$$f = \sum_{k=1}^{2} \lambda_k^{-1} <x_k, b> x_k.$$

Die Auswirkung der unterschiedlich großen Eigenwerte läßt sich leicht veranschaulichen.

Sei $g^\varepsilon = g + \varepsilon x_1$. Dann ist die Lösung g^ε gegeben durch
$$g^\varepsilon = x + \frac{\varepsilon}{2+\delta^2} x_1,$$
der Fehler in den Daten hat die Norm ε, für das Ergebnis f^ε gilt
$$\|f^\varepsilon - f\| = \frac{\varepsilon}{2+\delta^2} < \varepsilon.$$

Der Fehler im Ergebnis ist also kleiner als der Fehler in den Daten. Ganz anders ist die Situation, wenn der Datenfehler Anteile von x_2 enthält.

Sei nun $g^\epsilon = g + \epsilon x_2$. Dann ist die Lösung

$$f^\epsilon = f + \frac{\epsilon}{\delta^2} x_2,$$

für die Norm des Fehlers gilt

$$\|f - f^\epsilon\| = \frac{\epsilon}{\delta^2}.$$

Dies ist für kleine δ eine extreme Verstärkung des Datenfehlers. Es ist somit klar, daß Anteile von Eigenvektoren zu kleinen Eigenwerten in den Datenfehler das Ergebnis extrem stören. Das kann man durch exakte Arithmetik nicht verhindern.

Die im folgenden diskutierten endlichdimensionalen Regularisierungsverfahren werden an zwei Beispielen getestet. Um " von Hand " die Verfahren durchzuführen, betrachten wir

$$A = \begin{pmatrix} 1 & 1 \\ \delta & 0 \\ 0 & \delta \end{pmatrix}. \qquad (5.1.2)$$

Es ist dann A^*A die Matrix aus (5.1.1). Wählen wir speziell

$$f = \begin{pmatrix} 2.1 \\ 1.9 \end{pmatrix},$$

so ergibt sich für $\delta = 10^{-3}$ und

$$g^\epsilon = Af + 10^{-2}(u_1 + u_2)$$

die verallgemeinerte Lösung zu

$$\begin{pmatrix} +9.1761 \\ -5.1661 \end{pmatrix},$$

der Datenfehler wird also um den Faktor 707 verstärkt.

Als zweites Beispiel betrachten wir eine Diskretisierung der Integralgleichung erster Art

$$Af(x) = \int_0^1 k(x,y) f(y) dy = g(x) , \ x \in [0,1]$$

mit dem Kern

$$k(x,y) = \begin{cases} x(1-y) & y \leq x \\ y(1-x) & x \leq y \end{cases}.$$

Der Kern ist die Fundamentallösung zu $\frac{d^2}{dx^2}$, es gilt

$$\frac{d^2}{dx^2} k(x,y) = \delta_y(x).$$

Die rechte Seite g wählen wir so, daß die Lösung f sich ergibt als

$$f(x) = x(1-x) \ , \ x \in [0,1],$$

also ist

$$g(x) = (x^4 - 2x^3 + x)/12.$$

Zur numerischen Lösung dieser Integralgleichung verwenden wir ein Projektionsverfahren, und zwar verwenden wir Punktkollokation auf stückweise konstanten Funktionen. Es ist also

$$X_h = \text{span}\{\varphi_1, \cdots, \varphi_N\}$$

mit $h = \frac{1}{N}$ und

$$\varphi_\nu(x) = \begin{cases} 1 & x \in [(\nu-1)h, \nu h] \\ 0 & \text{sonst.} \end{cases}$$

Mit $f_h \in X_h$ mit $f_h = \sum_{\nu=1}^{N} \alpha_\nu \varphi_\nu$ ist dann

$$Af_h(x) = \sum_{\nu=1}^{N} \alpha_\nu \int_{(\nu-1)h}^{\nu h} k(x,y) dy$$

$$= \frac{h}{2} \sum_{\nu=1}^{N} \big(k(x,(\nu-1),h) + k(x,\nu h)\big),$$

wobei wir ausgenutzt haben, daß die Trapezregel exakt ist für Polynome ersten Grades.

Verlangen wir

$$Af_h((\mu-1)h) = g((\mu-1)h) \ , \ \mu = 1, \cdots, N,$$

so erhalten wir das lineare Gleichungssystem

$$B\alpha = G$$

mit

$$B_{\mu\nu} = \frac{h}{2} \big(k((\mu-1)h,(\nu-1)h) + k((\mu-1)h,\nu h)\big) \ , 1 \leq \mu\, \nu \leq N, \tag{5.1.3}$$

und

$$G_\mu = g((\mu-1)h).$$

Die Rechnungen in den nächsten Abschnitten werden für $N = 50$ durchgeführt. Es treten folgenden Singulärwerte auf.

1.0130'-1	2.5314'-2	1.1241'-2	6.3158'-3	4.0360'-3
2.7976'-3	2.0508'-3	1.5661'-3	1.2337'-3	9.9596'-4
8.1999'-4	6.8610'-4	5.8186'-4	4.9911'-4	4.3230'-4
3.7758'-4	3.3217'-4	2.9408'-4	2.6179'-4	2.3416'-4
2.1034'-4	1.8964'-4	1.7152'-4	1.5556'-4	1.4142'-4
1.2882'-4	1.1753'-4	1.0737'-4	9.8168'-5	8.9806'-5
8.2168'-5	7.5163'-5	6.8708'-5	6.2735'-5	5.7185'-5
5.2006'-5	4.7152'-5	4.2583'-5	3.8264'-5	3.4164'-5
3.0254'-5	2.6508'-5	2.2904'-5	1.9420'-5	1.6036'-5
1.2733'-5	9.4949'-6	6.3039'-6	3.1442'-6	1.8948'-11

Tabelle 5.1.1. Singulärwerte der Matrix aus (5.1.3) für $h = \frac{1}{50}$.

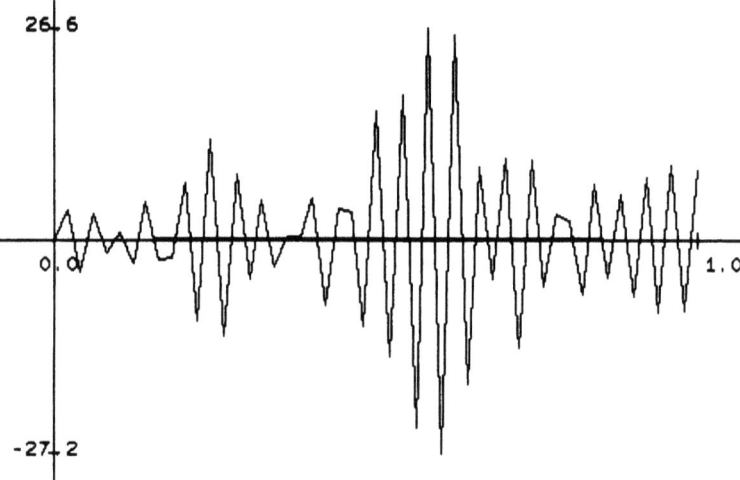

Abbildung 5.1.1. Lösung des Gleichungssystems (5.1.3) ohne Regularisierung.

Die Abbildung 5.1.1 zeigt, daß ohne Regularisierung die Lösung der diskretisierten Integralgleichung völlig unbrauchbar ist. Sie oszilliert zwischen -27.2 und $+26.6$. Die exakte Lösung liegt zwischen 0 und 0.25, sie ist bei der benötigten Skala nur als "Verdickung" der Abzisse zu sehen.

5.2 Abgeschnittene Singulärwertzerlegung

Es sei A eine $m \times n$ - Matrix mit Rang r. Gesucht ist die Lösung von

$$Af = g$$

mit $g \in \mathbb{R}^m$. Nach Satz 5.1.2 können wir die verallgemeinerte Lösung $f^\dagger$ darstellen als

$$\begin{aligned} f^\dagger &= A^\dagger g \\ &= V\Sigma^\dagger U^* g \\ &= \sum_{\sigma_n > 0} \frac{1}{\sigma_n} <g, u_n> v_n. \end{aligned}$$

Wir gehen wieder davon aus, daß gestörte Daten g^ε mit $\|g^\varepsilon - g\| \leq \varepsilon$ vorliegen. Wir nehmen an, daß die Singulärwerte absteigend geordnet sind, also

$$\sigma_1 \geq \sigma_2 \cdots \geq \sigma_r > 0.$$

Um die Lösung zu regularisieren, schneiden wir die Singulärwertzerlegung ab, das heißt, wir summieren nur über solche σ_n, die hinreichend groß sind. Um einen geeigneten Wert für die Abschneidefrequenz γ zu finden, benutzen wir die in Abschnitt 4.1 angegebene a — p o s t e r i o r i Parameterwahl. Der Defekt ergibt sich zu

$$\|AT_\gamma g^\varepsilon - g^\varepsilon\|^2 = \sum_{\sigma_n < \gamma} |<g^\varepsilon, u_n>|^2.$$

Das Verfahren wird wie folgt durchgeführt. Man wählt $R > 1$, etwa $R = 2$, und setzt

$$f = 0 \; , \; n = 0,$$

und berechnet

$$d = \|g^\varepsilon\|^2.$$

Ist

$$d \leq R^2 \varepsilon^2 \tag{5.2.1}$$

so stoppt man das Verfahren. Andernfalls erhöhe man n um 1 und berechne

$$\alpha_n = <g^\varepsilon, u_n>,$$

$$f = f + \frac{1}{\sigma_n}\alpha_n v_n,$$

$$d = d - \alpha_n^2$$

und setze das Verfahren mit der Überprüfung von d in (5.2.1) fort.

Wie in Abschnitt 4.1 gesagt, ist dieses Verfahren der Parameterwahl sehr einfach, der Aufwand besteht aber darin, die Singulärwertzerlegung zu berechnen.

Um die Wirkungsweise des Verfahrens zu studieren, betrachten wir zuerst das einfache Beispiel aus (5.1.2). Die Matrix A^*A ist die Matrix aus (5.1.1). Somit finden wir die singulären Vektoren

$$v_1 = \frac{1}{\sqrt{2}} \begin{pmatrix} 1 \\ 1 \end{pmatrix}, \; v_2 = \frac{1}{\sqrt{2}} \begin{pmatrix} 1 \\ -1 \end{pmatrix},$$

und aus

$$\sigma_1 = \sqrt{\lambda_1} = \sqrt{2 + \delta^2},$$
$$\sigma_2 = \sqrt{\lambda_2} = \delta$$

ergibt sich

$$Av_1 = \frac{1}{\sqrt{2}} \begin{pmatrix} 2 \\ \delta \\ \delta \end{pmatrix} = \sigma_1 u_1 \; mit \; u_1 = \frac{1}{\sqrt{4 + 2\delta^2}} \begin{pmatrix} 2 \\ \delta \\ \delta \end{pmatrix}$$

$$Av_2 = \frac{1}{\sqrt{2}} \begin{pmatrix} 0 \\ \delta \\ -\delta \end{pmatrix} = \sigma_2 u_2 \; mit \; u_2 = \frac{1}{\sqrt{2}} \begin{pmatrix} 0 \\ 1 \\ -1 \end{pmatrix}.$$

Diese beiden Vektoren spannen den $\mathcal{R}(A)$ auf. Der Vektor

$$u_3 = \frac{1}{\sqrt{2 + \delta^2}} \begin{pmatrix} -\delta \\ 1 \\ 1 \end{pmatrix}$$

steht senkrecht auf den beiden Vektoren u_1, u_2 und ergänzt diese zu einer Basis des $\mathbb{R}^3$.

Als Zahlenbeispiel wählen wir nun

$$f = \begin{pmatrix} 2.1 \\ 1.9 \end{pmatrix}$$

also

$$g = Af = \begin{pmatrix} 4 \\ 2.1\delta \\ 1.9\delta \end{pmatrix}.$$

Es ist dann

$$<g, u_1> = 2\sqrt{2}\sqrt{2 + \delta^2}$$
$$<g, u_2> = 0.1\sqrt{2}\,\delta$$
$$<g, u_3> = 0.$$

Stören wir die Daten zu
$$g^\varepsilon = g + \sum_{k=1}^{3} \varepsilon_k u_k,$$
so ist
$$\|g^\varepsilon - g\|^2 = \sum_{k=1}^{3} \varepsilon_k^2 =: \varepsilon^2$$
und
$$\|g^\varepsilon\|^2 = 16 + 8.02\delta^2 + 4\sqrt{4 + 2\delta^2}\varepsilon_1 + 0.2\sqrt{2}\delta\varepsilon_2 + \varepsilon^2.$$

Die in dem Algorithmus eingeführten Größen ergeben sich zu
$$\alpha_1 = 2\sqrt{2}\sqrt{2 + \delta^2} + \varepsilon_1,$$
$$f_1 = \begin{pmatrix} 2 \\ 2 \end{pmatrix} + \frac{\varepsilon_1}{\sqrt{4 + 2\delta^2}} \begin{pmatrix} 1 \\ 1 \end{pmatrix},$$
$$d = 0.02\delta^2 + 0.2\sqrt{2}\delta\varepsilon_2 + \varepsilon_2^2 + \varepsilon_3^2.$$

Ist $d \leq 4\varepsilon^2$, also etwa $\delta \leq 12\varepsilon$, so ist das Abbruchkriterium (5.2.1) erfüllt, und wir erhalten als Näherungslösung
$$T_\gamma g^\varepsilon = \left(2 + \frac{\varepsilon_1}{\sqrt{4 + 2\delta^2}}\right) \begin{pmatrix} 1 \\ 1 \end{pmatrix}$$
statt
$$f = \begin{pmatrix} 2.1 \\ 1.9 \end{pmatrix}.$$

Ist speziell $\delta = 10^{-3}$, $\varepsilon_1 = \varepsilon_2 = 10^{-2}$, so ergibt sich
$$T_\gamma g^\varepsilon = \begin{pmatrix} 2.005 \\ 2.005 \end{pmatrix}$$
mit einer Fehlerverstärkung um den Faktor 10. Dagegen ist die verallgemeinerte Lösung ohne Regularisierung
$$A^\dagger g^\varepsilon = \begin{pmatrix} 9.1761 \\ -5.1661 \end{pmatrix},$$
der Fehler ist um den Faktor 707 verstärkt.

Wir wollen nun das zweite Beispiel mit der Matrix aus (5.1.3) betrachten. Die Daten werden zufällig gestört.

Die Wirkung der unterschiedlichen Abschneidefrequenzen wird an den folgenden Abbildungen offensichtlich.

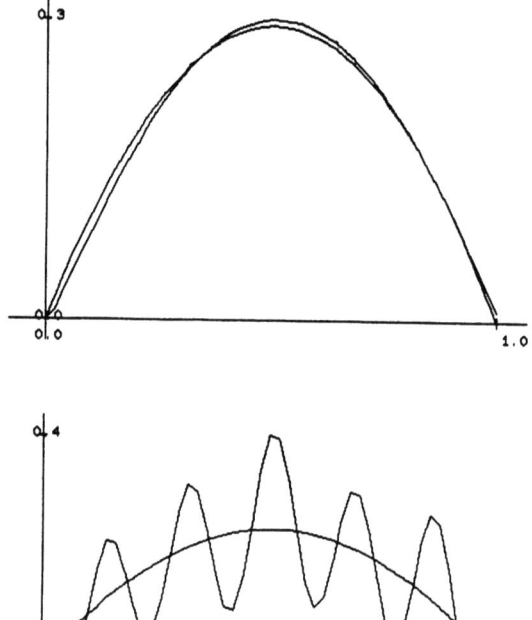

Abbildung 5.2.1. Lösung des Gleichungssystems 5.1.3 mit der abgeschnittenen Singulärwertzerlegung. a : Abschneidefrequenz $\gamma = 10^{-2}$, b : Abschneidefrequenz $\gamma = 8 \cdot 10^{-4}$.

Die L_2 - Norm des Datenfehlers ist bei diesen Beispielen $1.921 \cdot 10^{-3}$, der Defekt im ersten Beispiel bei $\gamma = 10^{-2}$ ist $2.6725 \cdot 10^{-3}$, im zweiten Fall bei $\gamma = 8 \cdot 10^{-4}$ ist er $1.8504 \cdot 10^{-3}$. Ohne Regularisierung, wie in Abbildung 5.1.1, ist der Defekt sogar $2.5765 \cdot 10^{-8}$.

5.3 Tikhonov – Phillips Regularisierung

Sei A eine $m \times n$ – Matrix und $g \in \mathbb{R}^m$. Die Tikhonov – Phillips Regularisierung ist wie in Abschnitt 4.2 definiert durch die Minimierung von

$$\|Af - g\|_1^2 + \gamma^2 \|f\|_2^2.$$

Die Normen beziehungsweise Seminormen können wir so wählen, daß die in einzelnen Komponenten unterschiedlichen Meßgenauigkeiten berücksichtigt werden, wir können also die einzelnen Messungen wichten. Am einfachsten geschieht das durch die Anwendung einer positiv definiten Matrix C, so daß

$$\|Af - g\|_1^2 = (Af - g)^* C (Af - g)$$

gilt. Ist C eine Diagonalmatrix, so sind die einzelnen Komponenten des Defektes unabhängig voneinander gewichtet. Die Forderung nach Invertierbarkeit der Matrix ist hier offensichtlich : wäre C nicht invertierbar, dann wäre ein Diagonalelement gleich 0, die entsprechende Messung würde überhaupt nicht berücksichtigt.

Die Seminorm $\|\cdot\|_2$ definieren wir ähnlich dem kontinuierlichen Fall durch

$$\|f\|_2^2 = f^* B^* B f.$$

Die einfachste Möglichkeit, B zu wählen, ist natürlich die Einheitsmatrix. Wollen wir eine Approximation der ersten Ableitung verwenden, dann bietet sich

$$B_1 = \begin{pmatrix} 1 & -1 & & & \\ & & \ddots & \ddots & \\ & & & 1 & -1 \end{pmatrix}$$

an. Entsprechend können wir bei der zweiten Ableitung die Matrix

$$B_2 = \begin{pmatrix} 1 & -2 & 1 & & & \\ & & \ddots & \ddots & \ddots & \\ & & & 1 & -2 & 1 \end{pmatrix}$$

verwenden.

Das entstehende Gleichungssystem ist dann

$$(A^* C A + \gamma^2 B^* B) f_\gamma = A^* C g. \tag{5.3.1}$$

Damit diese Gleichungssysteme eindeutig lösbar sind, müssen die Nullräume von $A^* C A$ und $B^* B$, falls sie nichttrivial sind, verschieden sein. Im Falle $B = I$ ist diese Bedingung trivialerweise erfüllt. Beim Beispiel B_1 ist der Nullraum span$\{e\}$ mit $e = (1,\cdots,1)^*$, bei B_2 ist er span$\{e,x\}$ mit e wie vorher und $x = (1,2,\cdots,m)^*$.

Da das Gleichungssystem (5.3.1) bei geeigneter Wahl von B positiv definit ist, bietet sich die Choleskey – Zerlegung zur Lösung an. Dies ist bei fester Wahl von γ besonders günstig.

Bei Anwendung von a – posteriori Parameterwahl ist allerdings jedesmal die Matrix zu zerlegen. Man kann die Gleichung (5.3.1) auch umschreiben in ein System

$$\begin{pmatrix} C^{1/2}A \\ \gamma B \end{pmatrix} f = \begin{pmatrix} C^{1/2}g \\ 0 \end{pmatrix},$$

und hier die Lösung kleinster Norm bestimmen. Die Normalgleichung dieses Systems ist gerade (5.3.1).

Bei der Verwendung der Tikhonov – Phillips Regularisierung fällt auf, daß die regularisierte Lösung kontinuierlich vom Parameter γ abhängt, im Gegensatz zu der abgeschnittenen Singulärwertzerlegung und den anschließend diskutierten Iterationsverfahren.

Zur Berechnung einer Näherungslösung für das Beispiel (5.1.2) verwenden wir der Einfachheit halber $C = I$ und $B = I$. Dann können wir die Lösung f_γ wieder mit Hilfe der Singulärwertzerlegung darstellen und erhalten

$$f_\gamma = \sum_{\nu=1}^{2} \frac{\sigma_\nu}{\sigma_\nu^2 + \gamma^2} < g^\varepsilon, u_\nu > v_\nu$$

$$= \frac{2+\delta^2}{2+\delta^2+\gamma^2} \begin{pmatrix} 2 \\ 2 \end{pmatrix} + \frac{\delta^2}{\delta^2+\gamma^2} \begin{pmatrix} 0.1 \\ 0.1 \end{pmatrix} + \frac{\sqrt{2+\delta^2}}{2+\delta^2+\gamma^2} \frac{\varepsilon_1}{\sqrt{2}} \begin{pmatrix} 1 \\ 1 \end{pmatrix} + \frac{\delta}{\delta^2+\gamma^2} \frac{\varepsilon_2}{\sqrt{2}} \begin{pmatrix} 1 \\ -1 \end{pmatrix}.$$

γ	(x_1, x_2)	$\|Af_\gamma - g^\varepsilon\|$	Faktor
0	(9.1761 , -5.1661)	9.3590'-10	707.11
0.001	(5.5905 , -1.5805)	5.0707'-3	348.55
0.0085	(2.1028 , 1.9070)	1.000'-2	0.5375
0.05	(2.0054 , 1.9996)	1.1306'-2	9.716
0.1	(1.9957 , 1.9943)	2.2378'-2	9.941

Tabelle 5.3.1. Tikhonov – Phillips Regularisierung der Gleichung (5.1.2) bei unterschiedlichen γ. Der " Faktor " gibt die Verstärkung des Datenfehlers im Endergebnis an.

Bei diesem einfachen Beispiel ist es möglich, einen Parameter $\gamma = 0.0085$ so zu finden, daß der Fehler im Ergebnis kleiner ist als in den Daten. In der Praxis bei Anwendungsbeispielen wird das nicht möglich sein, da die exakte Lösung nicht bekannt ist. Mit einer a – posteriori Strategie wären wir etwa bei $\gamma = 0.05$ gelandet, was immer noch, verglichen mit der nicht regularisierten Lösung, ein brauchbares Resultat darstellt.

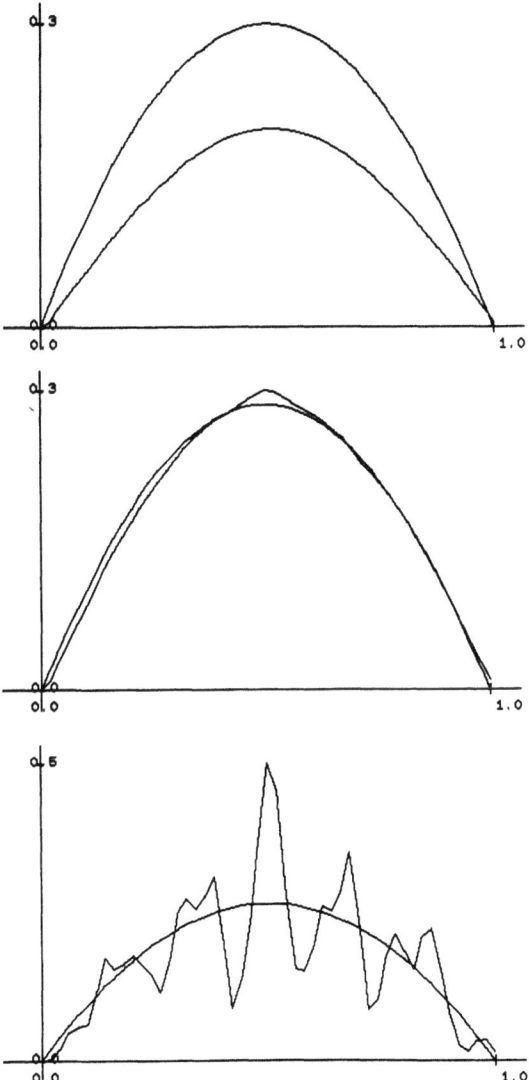

Abbildung 5.3.1. Tikhonov – Phillips Regularisierung des Gleichungssytems (5.1.3) mit $\gamma = 6' - 3$, $\gamma = 7.2' - 5$ und $\gamma = 1' - 6$.

Bei diesen Beispielen wird die unterschiedliche Wirkung der Regularisierungsparameter deutlich. Bei der ersten Rechnung war der Parameter γ so groß, daß bei der Minimierung von $\|Af - g^\varepsilon\|^2 + \gamma^2\|f\|^2$ der zweite Term dominierte. Es hat sich eine Lösung ergeben, bei der dieser Term klein ist, also eine Lösung die kleine Norm hat, ihr maximaler Wert ist 0.163 statt 0.25. Der Grenzwert für $\gamma \to \infty$ liefert $f_\gamma = 0$.

Schließlich zeigt die dritte Abbildung das oszillatorische Verhalten der Eigenfunktionen zu kleinem Singulärwert. Bei dem kleinen Parameter γ spielt der Defekt bei der Minimierung die dominierende Rolle, und dies führt bei fehlerhaften Daten zu einem solch schlechten Ergebnis. Zu bemerken ist zwar, daß dieses Resultat wesentlich besser ist, als die Lösung ohne Regularisierung, aber von einer brauchbaren Näherung sind wir noch weit entfernt.

Bei der zweiten Abbildung ist der Parameter geeignet gewählt, die Abweichung von der exakten Lösung ist minimal. Dies ist ein akzeptables Resultat.

5.4 Iterationsverfahren

Die in Kapitel 4.3 besprochenen Iterationsverfahren lassen sich direkt auf endlichdimensionale Probleme anwenden. Bevor wir das tun, wollen wir ein Verfahren wenigstens erwähnen, auf das wir aber nicht weiter eingehen.

Beim K a c z m a r z — V e r f a h r e n wird der neue Näherungswert f^{m+1} dadurch gefunden, daß f^m zunächst auf eine der Hyperebenen $\{x : a_i^* x = g_i\}$ projiziert wird, wobei a_i^* eine Zeile der Matrix A ist. Der so gewonnene Wert wird auf eine andere Hyperebene projiziert, und f^{m+1} ist dann das Ergebnis, das nach Durchlauf aller Hyperebenen gefunden wird. Dieses Verfahren ist in den ersten kommerziellen Röntgen – Scannern eingesetzt worden, um die Gleichungssysteme zu lösen, die durch Punktkollokation mit stückweise konstanten Funktionen der Radonschen Integralgleichung gewonnen wurden. Das Verfahren ist mit der Sukzessiven Überrelaxation (SOR) verwandt, hat aber den Nachteil, daß bei inkonsistenten Gleichungssystemen der Grenzwert vom Relaxationsparameter abhängt.

Das in Abschnitt 4.3.2 besprochene Landweber Verfahren hat auch hier die Form

$$f^{m+1} = (I - \beta A^* A)f^m + \beta A^* g.$$

Bei Startwert $f^0 = 0$ erhalten wir wieder, wenn wir mit r den Rang der Matrix A bezeichnen, also $\sigma_r > 0$,

$$f^m = \sum_{i=1}^{r}(1 - (1 - \beta \sigma_i^2)^m)\frac{<u_i, g>}{\sigma_i} v_i,$$

und die Fehlerabschätzung ergibt bei ungestörten Daten

$$\|f^m - f^\dagger\|^2 = \sum_{i=1}^{r}(1 - \beta \sigma_i^2)^{2m}|<f, v_i>|^2$$
$$\leq \max|1 - \beta \sigma_i^2|^{2m}\|f^\dagger\|^2.$$

Mit der Wahl

$$\beta = \frac{2}{\sigma_1^2 + \sigma_r^2}$$

wird der Faktor $|1 - \beta \sigma_i^2|$ minimal. Mit der Konditionszahl

$$\kappa = \frac{\sigma_1}{\sigma_r}$$

ergibt sich die Abschätzung

$$\|f^m - \widehat{f}\| \leq \left(\frac{\kappa^2 - 1}{\kappa^2 + 1}\right)^m \|\widehat{f}\|.$$

Auch das Verfahren der konjugierten Gradienten ist direkt übertragbar. Siehe Seite 115 für die Formulierung des Verfahrens.

Eine Fehlerabschätzung für das ungestörte Problem erhalten wir, wenn wir in Lemma 4.3.7 das Polynom P mit

$$1 + \sigma_2 P(\sigma^2) = T_m\Big(\frac{\sigma_1^2 + \sigma_r^2 - 2\sigma^2}{\sigma_1^2 - \sigma_r^2}\Big)\Big/T_m\Big(\frac{\sigma_1^2 + \sigma_r^2}{\sigma_1^2 - \sigma_r^2}\Big)$$

einsetzen. Dabei soll T_m das Tschebyscheff – Polynom erster Art

$$T_m(t) = \begin{cases} \cos(m\arccos t) & |t| \leq 1 \\ \cosh(m\,\text{arccosh}\,t) & |t| > 1 \end{cases}$$

sein. Wegen

$$\cosh mt = \frac{e^{mt} + e^{-mt}}{2}$$

ist für $|t| > 1$

$$T_m(t) = \frac{1}{2}\Big(\big(t - \sqrt{t^2 - 1}\big)^m + \big(t - \sqrt{t^2 - 1}\big)^{-m}\Big).$$

Setzen wir $t = (\kappa + 1)/(\kappa - 1)$, dann erhalten wir

$$H(P) \leq 4\Big(\frac{\sqrt{\kappa} - 1}{\sqrt{\kappa} + 1}\Big)^{2m}\|f^0 - \widehat{f}\|^2$$

und

$$\|f^m - \widehat{f}\| \leq 2\kappa\Big(\frac{\sqrt{\kappa} - 1}{\sqrt{\kappa} + 1}\Big)^m\|f^0 - \widehat{f}\|.$$

Die Konvergenz ist also umso besser, je kleiner die Konditionszahl κ ist. Die Vorkonditionierung, die bei Diskretisierungen von Randwertaufgaben angewandt wird, bringt bei schlecht konditionierten Problemen das Risiko, daß die " guten " und die " schlechten " Singulärwerte zusammenrücken, und so wird eine Parameterwahl bei gestörten Daten erschwert.

Da das Verfahren der konjugierten Gradienten, wie in Abschnitt 4.3.3 gesehen, den Defekt bezüglich der Belegung

$$\sum \sigma_n^2|<g,u_n>|^2 \delta_{\sigma_n^2}$$

minimiert, werden im Fehler zuerst jene Teile klein, die zu großen $\sigma_n^2|<g,u_n>|^2$ gehören. Statt der Präkonditionierung ist daher ein N e u s t a r t des cg - Verfahrens nach einer vorgegebenen Zahl von Schritten zu empfehlen, das heißt, nach M Schritten wird nicht die konjugierte Richtung d^M als neue Abstiegsrichtung gewählt, sondern der Gradient

$A^*(Af^M - g^\varepsilon)$ wird benutzt. Das hat den Effekt, daß nun 'das Gleichungssystem mit rechter Seite
$$g_1 = g^\varepsilon - Af^M$$
gelöst wird. Bei diesem g_1 sind die vorher schon gut bestimmten Anteile der Lösung klein, und man kann erwarten, daß sich das Konvergenzverhalten verbessert.

An den Beispielen aus Abschnitt 5.1 läßt sich da Verhalten des Verfahrens der konjugierten Gradienten beschreiben.

m	f^m	$\|Af^m - g^\varepsilon\|$
0	(0,0)	4.0100
1	(2.0050 , 2.0049)	1.0141'-2
2	(2.0058 , 2.0042)	1.0140'-2
3	(9.1458 ,-5.1363)	5.5667'-4

Tabelle 5.4.1. Iterierte beim Verfahren der konjugierten Gradienten angewandt auf Beispiel 5.1.2.

Nach einem Iterationsschritt ist, wie bei diesem einfachen Beispiel zu erwarten, eine stabile Lösung des Gleichungssystems erreicht. Es ist auch schön zu beobachten, daß zu viele Iterationen, hier 3, die " exakte " falsche Lösung liefert, nach drei Schritten haben wir die Lösung des nicht regularisierten Problems. Diese Lösung enthält alle Anteile des Fehlers und ist deshalb unbrauchbar.

Das gleiche Phänomen tritt natürlich auch bei dem zweiten Beipiel auf. Hier hat man zwei Iterationsschritten, also bei f^2 das gewünschte Ergeniss, weitere Iterationen verschlechtern dann das Resultat. In Abbildung 5.4.1 ist auch noch die Iterierte f^5 gezeigt. Hier zeigen sich schon deutliche Oszillationen, die sich bei weiterem rechnen noch verstärken. An dieser Stelle wird der Unterschied zu gut gestellten Problemen wieder klar. Dort muß man möglichst genau das Gleichungssystem lösen, das heißt, möglichst lange iterieren, um das gewünschte Ergebnis zu erhalten. Die schlecht gestellten Probleme zeigen hier eine gewisse menschliche Komponente : " zu viel Arbeit schadet ! " . Das bedeutet, daß ein Semikonvergenzverhalten vorliegt. In den ersten Schritten wird die Lösung immer besser, aberr zu viele Iterationsschritte liefern ein unbrauchbares Ergebnis.

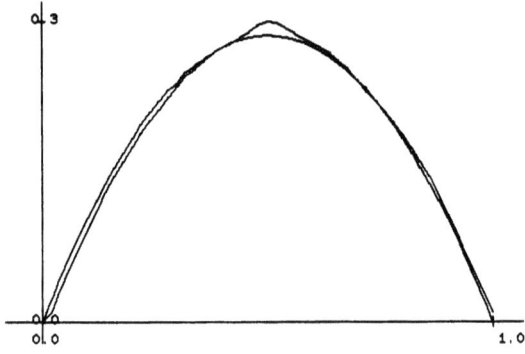

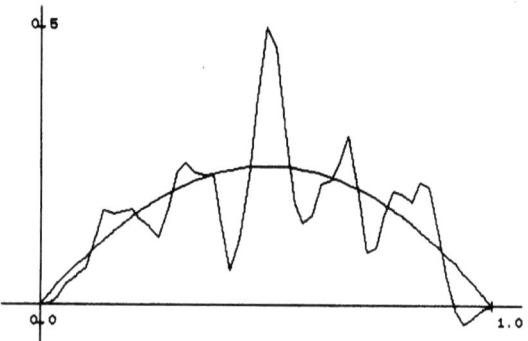

Abbildung 5.4.1. Anwendung des Verfahrens der konjugierten Gradienten auf Beispiel 5.1.3. a : f^2, b : f^5. Das Semikonvergenzverhalten der Iterationsverfahren bei schlecht gestellten Problemen wird deutlich.

5.5 Bemerkungen und Literaturhinweise

Ein Verfahren zur Berechnung der Singulärwertzerlegung ist angegeben von Golub – Reinsch 31], siehe auch Stoer – Bulirsch [109]. Für die Lösung der linearen Gleichungssysteme sei auf die Lehrbücher von Schwarz [105] und Stoer – Bulirsch [108,109] verwiesen. Das Kaczmarz – Verfahren ist ausführlich in Natterer [84] untersucht.

6 Computer — Tomographie als Anwendungsbeispiel

Im ersten Kapitel haben wir in 1.2.1 die Computer - Tomographie als inverses Problem vorgestellt und durch physikalische Annahmen ein mathematisches Modell erhalten. Dieses Modell wird beschrieben durch eine Integraltransformation, die Radon - Transformation.

Im ersten Abschnitt sollen nun einige Eigenschaften dieser Transformation hergeleitet werden. Danach bestimmen wir die Singulärwertzerlegung und studieren dann die Lösung unter Berücksichtigung der Regularisierung.

6.1 Die Radon — Transformation

Wir bezeichnen den in der Computer - Tomographie gesuchten Absorptionskoeffizienten beziehungsweise die Dichte des untersuchten Gewebes mit f. Da wir nur Objekte mit endlicher Ausdehnung betrachten, nehmen wir an, f habe kompakten Träger im Einheitskreis $\Omega = \{x \in \mathbb{R}^2 : |x| \leq 1\}$. Mit S^1 bezeichnen wir den Rand des Einheitskreises, die Elemente von S^1, die Einheitsvektoren, interpretieren wir als Richtungen. Schließlich sei

$$Z = [-1,1] \times S^1 \subset \mathbb{R}^3$$

der Einheitszylinder. Die Radon - Transformation definieren wir, siehe 1.1.2, durch

$$Rf(s,\omega) = \int f(s\omega + t\omega^\perp)dt$$
$$= \int f(x)\delta(s - <x,\omega>)dx$$
$$= \int f(s\cos\varphi - t\sin\varphi, s\sin\varphi + t\cos\varphi)dt,$$

wobei $\omega = \omega(\varphi) = (\cos\varphi, \sin\varphi)^\top \in S^1$ ist. Mit $\omega^\perp$ bezeichnen wir den orthogonalen Einheitsvektor $\omega(\varphi + \frac{\pi}{2})$.

In höheren Dimensionen erklären wir für Richtungen $\omega \in S^{N-1}$

$$Rf(s,\omega) = \int_{\mathbb{R}^N} f(x)\delta(s - <x,\omega>)\,dx.$$

Hier werden einer Funktion f die Integrale über alle Hyperebenen zugeordnet. Im Gegensatz dazu bildet

$$Pf(y,\theta) = \int_\mathbb{R} f(y + t\theta)\,dt\,,\ y \in \theta^\perp,$$

eine Funktion f auf ihre Linienintegrale ab. Wollen wir das Problem der Röntgen Computer Tomographie in drei Dimensionen untersuchen, liefert diese Transformation, die aus naheliegenden Gründen R ö n t g e n — T r a n s f o r m a t i o n genannt wird, das mathematische Modell. In zwei Dimensionen stimmt sie, bis auf die Parametrisierung mit der Radon - Transformation überein. Um eine einfache Darstellung der Ergebnisse zu haben, beschränken wir uns hier auf die Radon - Transformation in zwei Dimensionen.

Die Radon - Transformierte ist nur definiert für Funktionen, die auf allen Geraden integrierbar sind. Wir setzen zunächst voraus, daß $f \in C^\infty$ ist.

Aufgrund des folgenden Ergebnisses können wir die Radon - Transformation auf L_2 fortsetzen. Sei

$$<f,g>_W = \int W(x) f(x) g(x) dx,$$

dann können wir für geeignete Gewichtsfunktionen $W > 0$ L_2-Räume bilden.

Satz 6.1.1. *Die Radon - Transformation läßt sich stetig fortsetzen als Abbildung*

$$R : L_2(\Omega) \to L_2(Z, w^{-1}), \ w(s) = \sqrt{1-s^2}$$

$$R : L_2(\Omega) \to L_2(Z).$$

B e w e i s . Die Anwendung der Hölderschen Ungleichung liefert unter Beachtung von supp$f \subset \Omega$:

$$|\int_{-\sqrt{1-s^2}}^{\sqrt{1-s^2}} f(s\omega + t\omega^\perp) \, dt|^2 \leq 2\sqrt{1-s^2} \int |f(s\omega + t\omega^\perp)|^2 dt.$$

Also gilt

$$\|Rf\|_{L_2(Z,w^{-1})}^2 = \int_0^{2\pi} \int_{\mathbb{R}} w^{-1}(s) |Rf(s,\omega)|^2 \, ds \, d\varphi,$$
$$\leq 2 \int_0^{2\pi} \int\int |f(s\omega + t\omega^\perp)|^2 \, dt \, ds \, d\varphi$$
$$= 4\pi \|f\|_{L_2(\Omega)}^2$$

wobei wir $x = s\omega + t\omega^\perp$ gesetzt haben. Wegen $w^{-1}(s) \geq 1$ ist $L_2(Z, w^{-1})$ stetig eingebettet in $L_2(\Omega)$, und daraus folgt die zweite Behauptung. Wegen der Dichtheit von $C^\infty(\Omega)$ in $L_2(\Omega)$ können wir R auf ganz $L_2(\Omega)$ fortsetzen. ∎

Das folgende einfache Ergebnis wird sich als starkes Hilfsmittel für die anschließenden Untersuchungen erweisen.

Lemma 6.1.2. *Sei $f \in L_2(\Omega)$ und $\psi \in L_2(-1,1)$. Dann gilt*

$$\int_{-1}^{1} Rf(s,\omega)\psi(s)\,ds = \int_{\Omega} f(x)\psi(<x,\omega>)\,dx.$$

B e w e i s . Benutzen wir die Definition der Radon – Transformation mit der Delta-Distribution, so folgt das Ergebnis durch Vertauschen der Integrationsreihenfolge:

$$\int_{R} Rf(s,\omega)\psi(s)\,ds = \iint f(x)\delta(s-<x,\omega>)\psi(s)\,dx\,ds$$
$$= \int f(x)\psi(<x,\omega>)\,dx.$$

∎

Als erste Anwendung dieser Formel notieren wir den Zusammenhang zwischen Radon – und Fourier – Transformation.

Satz 6.1.3. (Projektionssatz) *Es ist*

$$\widehat{f}(\sigma\omega) = (2\pi)^{-1/2}\widehat{(Rf)}(\sigma,\omega),$$

wobei $\widehat{(Rf)}$ die Fourier – Transformierte von Rf bezüglich der ersten Variable ist.

B e w e i s . Wir setzen $\psi(s) = (2\pi)^{-1/2}e^{-is\sigma}$ in Lemma 6.1.2. Das ergibt

$$\widehat{(Rf)}(\sigma,\omega) = (2\pi)^{-1/2}\int Rf(s,\omega)e^{-is\sigma}\,ds$$
$$= (2\pi)^{-1/2}\int f(x)e^{-i\sigma<\omega,x>}\,dx$$
$$= (2\pi)^{1/2}\widehat{f}(\sigma\omega).$$

∎

Die zweidimensionale Fourier – Transformierte von f, ausgewertet auf der Geraden durch 0 mit Richtung ω, stimmt mit der Fourier – Transformierten von $Rf(\cdot,\omega)$ überein.

Daraus ergibt sich sofort eine Inversionsformel für die Radon – Transformation durch Anwendung der inversen Fourier-Transformation in Polarkoordinaten.

Wir verwenden die beiden Bezeichnungen

$$\int_{S^1} h(\omega)\,d\omega = \int_0^{2\pi} h(\omega(\varphi))\,d\varphi$$

für die Integration über die Richtungen $\omega = \omega(\varphi)$.

Satz 6.1.4. *Die inverse Radon - Transformation ist gegeben durch*

$$R^{-1} = (4\pi)^{-1} R^\sharp I^1,$$

wobei I^1 *das Riesz - Potential bzgl.* s *ist, also*

$$\widehat{(I^1 g)}(\sigma, \omega) = |\sigma| \hat{g}(\sigma, \omega),$$

und $R^\sharp$ *ist die Rückprojektion, der adjungierte Operator von* $R : L_2(\Omega) \to L_2(Z)$, *also*

$$R^\sharp q(x) = \int_0^{2\pi} q(<x,\omega>, \omega) \, d\varphi.$$

B e w e i s . Es ist

$$\begin{aligned}
f(x) &= (2\pi)^{-1} \int \hat{f}(\xi) e^{i<x,\xi>} d\xi \\
&= \frac{1}{2}(2\pi)^{-1} \int_0^{2\pi} \int_{\mathbb{R}} |\sigma| \hat{f}(\sigma \cdot \omega) e^{i\sigma<\omega,x>} \, d\sigma \, d\varphi \\
&= \frac{1}{2}(2\pi)^{-3/2} \int_0^{2\pi} \int_{\mathbb{R}} |\sigma| \widehat{(Rf)}(\sigma, \omega) e^{i\sigma<\omega,x>} \, d\sigma \, d\varphi \\
&= \frac{1}{2}(2\pi)^{-3/2} \int_0^{2\pi} \int_{\mathbb{R}} \widehat{(I^1 Rf)}(\sigma, \omega) e^{i\sigma<\omega,x>} \, d\sigma \, d\varphi \\
&= \frac{1}{2}(2\pi)^{-1} \int_0^{2\pi} I^1 Rf(<x,\omega>, \omega) \, d\varphi \\
&= (4\pi)^{-1} R^\sharp I^1 Rf(x).
\end{aligned}$$

Hierbei haben wir die inverse Fourier – Transformation in Polarkoordinaten umgeschrieben, den Projektionssatz angewandt, und dann die oben eingeführten Operatoren benutzt. ∎

Der Operator $R^\sharp$ wird Rückprojektion genannt, weil er zunächst für festes ω der Funktion $g(s,\omega)$, die auf einer Geraden definiert ist, die Funktion

$$G(x) = g(<x,\omega>, \omega)$$

zuordnet. Diese Funktion G ist auf ganz $\mathbb{R}^2$ definiert, sie ist konstant auf Geraden senkrecht zu ω. Hier kommt der Begriff Rückprojektion her, eine Funktion auf einer Geraden in $\mathbb{R}^2$ wird in der beschriebenen Weise auf ganz $\mathbb{R}^2$ fortgesetzt, also " zurückprojeziert ".

Die Integration über ω liefert schließlich eine Mittelung über alle Geraden, die durch den Punkt x gehen.

Um die Wirkung des Operators I^1 zu verdeutlichen, benutzen wir Eigenschaften der Fourier - Transformation. Es gilt

$$\imath\sigma\hat{q}(\sigma) = \widehat{q'}(\sigma),$$

das Riesz - Potential beinhaltet also eine Differentiation. Da statt σ der Betrag von σ aauftritt, schreiben wir

$$\widehat{(I^1q)}(\sigma) = \text{sign}\sigma\ \sigma\hat{q}(\sigma).$$

Um die Bedeutung des Faktors signσ zu erkennen, betrachten wir die H i l b e r t — T r a n s f o r m a t i o n

$$H\Phi(s) = \frac{1}{\pi}\int_R \frac{\Phi(t)}{s-t}\,dt = \frac{1}{\pi}(T*\Phi)(s),$$

wobei das Integral im Sinne des Cauchy'schen Hauptwertes zu verstehen ist. Wir fassen T als Distribution in $\mathcal{S}'$ auf und definieren für Testfunktionen $\psi \in \mathcal{S}$

$$\begin{aligned}T\psi &= \int_R \frac{\psi(s)}{s}\,ds \\ &= \lim_{\varepsilon\to 0}\int_{|s|>\varepsilon}\frac{\psi(s)}{s}\,ds \\ &= \int_R \frac{\psi(s)-\psi(-s)}{2s}\,ds.\end{aligned}$$

Erklären wir wie üblich die Fourier - Transformation einer Distribution dadurch, daß wir die Distribution auf die Fourier - Transformierte der Testfunktion anwenden, so erhalten wir

$$\begin{aligned}\hat{T}\psi = T\hat{\psi} &= \lim_{a\to\infty}\int_{-a}^{a}\frac{\hat{\psi}(s)-\hat{\psi}(-s)}{2s}\,ds \\ &= (2\pi)^{-1/2}\lim_{a\to\infty}\int_{-a}^{a}\int_{-\infty}^{\infty}\psi(x)\frac{e^{-\imath xs}-e^{\imath xs}}{2s}\,dx\,ds \\ &= (2\pi)^{-1/2}(-\imath)\int_R \psi(x)\lim_{a\to\infty}\int_{-a}^{a}\frac{\sin xs}{s}\,ds\,dx.\end{aligned}$$

Das innere Integral konvergiert punktweise gegen $\pi\text{sign}x$, also erhalten wir

$$\hat{T}(\sigma) = -\imath(\frac{\pi}{2})^{1/2}\text{sign}\sigma.$$

Die Anwendung des Faltungssatzes

$$\widehat{f*g} = (2\pi)^{1/2}\hat{f}\hat{g}$$

liefert somit
$$\widehat{Hq}(\sigma) = \frac{1}{\pi}\widehat{T*q}(\sigma)$$
$$= -\imath\,\text{sign}\sigma\,\hat{q}(\sigma).$$

Damit erkennen wir
$$I^1 q = Hq',$$
also ist der erste Schritt der Inversionsformel eine Differentiation der Daten $Rf(s,\omega)$ nach s und anschließender Hilbert - Transformation. Somit haben wir folgendes Ergebnis.

Korollar 6.1.5. *Es ist*
$$R^{-1} = \frac{1}{4\pi} R^{\sharp} H D_s,$$
wobei $D_s = \frac{\partial}{\partial s}$ bezeichnet.

Diese Inversionsformel zeigt, daß zur Bestimmung der Funktion f an einer Stelle x die Daten aus allen Richtungen ω bekannt sein müssen. Die Hilbert - Transformation ist eine Operation, die alle Funktionswerte benutzt, also brauchen wir für jede Richtung ω alle Daten in der s - Variablen. Es handelt sich bei der Inverionsformel um eine nicht - lokale Formel. Da in drei Dimensionen in Polarkoordinaten statt $|s|$ das Gewicht $|s|^2 = s^2$ auftritt, können wir den entsprechenden Operator I^2 direkt als zweite Ableitung interpretieren, und wir stellen fest, daß die Inversionsformel in $\mathbb{R}^3$ und ebenso in allen ungeraden Dimensionen, lokal ist : zur Berechnung von f an der Stelle x benötigen wir nur die Integrale über alle Hyperebenen, die durch eine kleine Umgebung von x verlaufen.

Die Darstellung der adjungierten Operatoren erhalten wir ebenfalls aus Lemma 6.1.2.

Satz 6.1.6. *Sei $R: L_2(\Omega, W^{-1}) \to L_2(Z, w^{-1})$. Dann ist*
$$R^*g(x) = W(x)\int w^{-1}(<x,\omega>)g(<x,\omega>,\omega)\,d\varphi.$$

Insbesondere ist für $W = w = 1$ der adjungierte Operator durch $R^{\sharp}$ gegeben.

B e w e i s . Setzen wir
$$\psi(s) = w^{-1}(s),$$
dann ist
$$\int_{-1}^{1} w^{-1}(s) Rf(s,\omega)\,ds$$
$$= \int f(x) w^{-1}(<x,\omega>)\,dx.$$

Die Definition der Skalarprodukte liefert

$$< Rf, g >_{L_2(Z,w^{-1})} = \int_0^{2\pi} \int_{-1}^1 w^{-1}(s) Rf(s,\omega) g(s,\omega) \, ds \, d\varphi$$
$$= \int_0^{2\pi} \int_{\mathbf{R}^2} W^{-1}(x) W(x) w^{-1}(<x,\omega>) f(x) \, g(<x,\omega>,\omega) \, dx \, d\varphi$$
$$= <f, R^*g>_{L_2(\Omega, W^{-1})}$$

mit dem angegebenen R^*.

∎

Wir betrachten die Radon – Transformation als Abbildung

$$R : L_2(\Omega) \to L_2(Z, w^{-1})$$

mit einem Gewicht w. Die adjungierte Abbildung ist

$$R^*g(x) = \int_0^{2\pi} w^{-1}(<x,\omega(\varphi)>) g(<x,\omega(\varphi)>,\omega(\varphi)) \, d\varphi.$$

Sei U eine unitäre 2×2 Matrix, dann ist $U\omega(\varphi) \in S^1$ und es gilt $U^{-1} = U^*$. Eine Darstellung der orthogonalen Gruppe auf L_2 ist gegeben durch D^U mit

$$D^U f(x) = f(Ux).$$

Es ist

$$R(D^U f)(s,\omega) = \int_{\mathbf{R}^2} f(Ux)\delta(s - <x,\omega>) \, dx$$
$$= \int_{\mathbf{R}^2} f(y)\delta(s - <U^{-1}y,\omega>) \, dy$$
$$= \int_{\mathbf{R}^2} f(y)\delta(s - <y,U\omega>) \, dy$$
$$= Rf(s, U\omega)$$
$$= D_\omega^U Rf(s,\omega),$$

wobei D_ω^U auf die Variable ω wirkt.

Wenden wir den adjungierten Operator an, so folgt

$$R^* R(D^U f)(x) = \int_{S^1} Rf(<x,\omega>, U\omega) \, d\omega$$
$$= \int_{S^1} Rf(<x,U^*\omega>, \omega) \, d\omega$$
$$= \int_{S^1} Rf(<Ux,\omega>\omega) \, d\omega$$
$$= D^U (R^*Rf)(x),$$

Wir haben folgendes Ergebnis.

Satz 6.1.7. *Die beiden Operatoren D^U und R^*R kommutieren.*

Als nächstes wollen wir den Zusammenhang zwischen Radon – Transformation und Differentialoperatoren betrachten.

Sei wieder D^α die Bezeichnung für die partiellen Ableitungen. Aus Formel (2.4.8) wissen wir, daß
$$\mathcal{F}(D^\alpha f)(\xi) = \imath^{|\alpha|}\xi^\alpha \widehat{f}(\xi)$$
ist. Wenden wir den Projektionssatz für die Radon – Transformation an, so ergibt sich

$$\begin{aligned}\mathcal{F}(RD^\alpha f)(\sigma,\omega) &= (2\pi)^{1/2}(\mathcal{F}D^\alpha f)(\sigma\omega) \\ &= (2\pi)^{1/2}\imath^{|\alpha|}\omega^\alpha\sigma^{|\alpha|}\widehat{f}(\sigma\omega) \\ &= \imath^{|\alpha|}\omega^\alpha\sigma^{|\alpha|}\mathcal{F}(Rf)(\sigma,\omega) \\ &= \omega^\alpha \mathcal{F}\big(\frac{\partial^{|\alpha|}}{\partial s^{|\alpha|}}Rf\big)(\sigma,\omega).\end{aligned}$$

Wir erhalten folgendes Ergebnis.

Lemma 6.1.8. *Es gilt*
$$R(D^\alpha f)(s,\omega) = \omega^\alpha \frac{\partial^{|\alpha|}}{\partial s^{|\alpha|}} Rf(s,\omega)$$
und
$$R(\Delta f)(s,\omega) = \frac{\partial^2}{\partial s^2} Rf(s,\omega)$$
mit $\Delta = \frac{\partial^2}{\partial x_1^2} + \frac{\partial^2}{\partial x_2^2}$.

B e w e i s . Die erste Aussage ergibt sich aus den obigen Betrachtungen.

Schreiben wir
$$\Delta = D^{(2,0)} + D^{(0,2)},$$
so ist wegen
$$\omega^{(2,0)} + \omega^{(0,2)} = \cos^2\varphi + \sin^2\varphi = 1$$
die zweite Aussage offensichtlich.

∎

Schließlich wollen wir die Aktion der Radon – Transformation auf die in Kapitel 2.4 besprochenen Differentialoperatoren
$$r\frac{\partial}{\partial r}$$
untersuchen.

Lemma 6.1.9. *Es gilt für stetig differenzierbare beziehungsweise zweimal stetig differenzierbare Funktionen folgende Relationen*

i)
$$R(r\frac{\partial}{\partial r}f)(s,\omega) = (s\frac{\partial}{\partial s} - 1)Rf(s,\omega).$$

ii)
$$R(r^2\frac{\partial^2}{\partial s^2}f)(s,\omega) = (s^2\frac{\partial^2}{\partial s^2} - 2s\frac{\partial}{\partial s} + 2)Rf(s,\omega).$$

B e w e i s . Auch hier wenden wir den Projektionssatz an. Es folgt mit (2.4.15)

$$\begin{aligned}\mathcal{F}R(r\frac{\partial}{\partial r}f)(\sigma,\omega) &= (2\pi)^{1/2}\mathcal{F}(r\frac{\partial}{\partial r}f)(\sigma\omega)\\ &= (2\pi)^{1/2}(-\sigma\frac{\partial}{\partial \sigma} - 2)\hat{f}(\sigma\omega)\\ &= -(\sigma\frac{\partial}{\partial \sigma} + 2)\mathcal{F}Rf(\sigma,\omega)\\ &= \mathcal{F}(\frac{\partial}{\partial s}(sRf(\cdot,\omega))(\sigma,\omega) - 2\mathcal{F}Rf(\sigma,\omega)\\ &= \mathcal{F}(s\frac{\partial}{\partial s}Rf(\cdot,\omega))(\sigma,\omega) - \mathcal{F}Rf(\sigma,\omega).\end{aligned}$$

Teil ii) beweisen wir analog. Wegen (2.4.16) und

$$\begin{aligned}\mathcal{F}R(r^2\frac{\partial^2}{\partial r^2}f)(\sigma,\omega) &= (2\pi)^{1/2}\mathcal{F}(r^2\frac{\partial^2}{\partial r^2}f)(\sigma\omega)\\ &= \left(\sigma^2\frac{\partial^2}{\partial \sigma^2} + 6\sigma\frac{\partial}{\partial \sigma} + 6\right)\mathcal{F}Rf(\sigma,\omega)\end{aligned}$$

ergibt sich für die Funktion $g(s) := Rf(s,\omega)$

$$\sigma^2\frac{d^2}{d\sigma^2}\mathcal{F}\hat{g}(\sigma) = \mathcal{F}(\frac{d^2}{ds^2}s^2g)(\sigma).$$

Aus
$$\frac{d^2}{ds^2}(s^2g)(s) = s^2g''(s) + 4sg'(s) + 2g(s)$$

und
$$\frac{d}{ds}(sg)(s) = sg'(s) + g(s)$$
ergibt sich mit
$$\begin{aligned}(\sigma^2\frac{\partial^2}{\partial\sigma^2} + 6\sigma\frac{\partial}{\partial\sigma} + 6)\hat{g}(\sigma) &= \mathcal{F}(\frac{d^2}{ds^2} - 6\frac{d}{ds} + 6)g(\sigma) \\ &= \mathcal{F}(s^2 g'' - 2sg' + 2g)(\sigma)\end{aligned}$$
die angegebene Formel.

6.2 Die Schlechtgestelltheit der Radon — Transformation

Wir wollen zunächst eine Singulärwertzerlegung der Radon - Transformation herleiten. In Lemma 6.1.7 haben wir gesehen, daß D^U und R^*R kommutieren, also haben sie die gleichen invarianten Unterräume. Diese lassen sich im Falle des Operators D^U einfach angeben. Die unitären Matrizen haben die Darstellung

$$U = U(\alpha) = \begin{pmatrix} \cos\alpha & \sin\alpha \\ -\sin\alpha & \cos\alpha \end{pmatrix}.$$

Dann ist

$$U(\alpha)\omega(\varphi) = \omega(\alpha - \varphi).$$

Bezeichnen wir mit

$$Y_\ell(\omega(\theta)) = e^{i\ell\theta}, \ \ell \in \mathbb{Z},$$

die K u g e l f l ä c h e n f u n k t i o n e n vom Grad ℓ im $\mathbb{R}^2$, so sehen wir, daß die Funktionen

$$f(r\omega(\theta)) = f_\ell(r) Y_\ell(\omega(\theta))$$

Eigenfunktionen von D^U sind, denn

$$\begin{aligned} D^U f(r\omega(\theta)) &= f(rU\omega(\theta)) \\ &= f(r\omega(\alpha + \theta)) \\ &= e^{i\ell\alpha} f(r\omega(\theta)). \end{aligned}$$

Um ein Orthogonalsystem auf $L_2(\Omega)$ zu erhalten, zerlegen wir den radialen Anteil von f. Hat $f \in L_2(\Omega)$ die Darstellung

$$f(x) = f_\ell(|x|) \, Y_\ell(\frac{x}{|x|}),$$

so gilt für f_ℓ

$$f_\ell(r) = \frac{1}{2\pi} \int_0^{2\pi} f(r\omega(\theta)) \, e^{-i\ell\theta} \, d\theta.$$

Lemma 6.2.1. *Sei $f \in L_2(\Omega)$ mit $f(x) = f_\ell(|x|) Y_\ell(\frac{x}{|x|})$. Dann ist $f_\ell \in L_2((0,1), rdr)$ und hat die Form*

$$f_\ell(r) = r^{|\ell|} q(r^2)$$

mit $q \in L_2((0,1), t^{|\ell|}dt)$.

Beweis: Da $r\omega(\theta) = -r\omega(\theta + \pi)$ und

$$Y_\ell(\omega(\theta + \pi)) = e^{\imath\ell(\theta+\pi)} = (-1)^\ell e^{\imath\ell\theta}$$

ist, muß gelten

$$f_\ell(-r) = (-1)^\ell f_\ell(r).$$

Wir zerlegen die Funktion f in

$$f(x) = \sum_{k=0}^{|\ell|-1} p_k(x) + \sum_{|\alpha|=|\ell|} x^\alpha g_\alpha(x),$$

wobei p_k Polynome vom Höchstgrad k sind. Wegen der Orthogonalität der Y_ℓ zu Y_k mit $|k| < |\ell|$ ergibt sich

$$\begin{aligned} f_\ell(r) &= \frac{1}{2\pi} \int_0^{2\pi} f(r\omega(\theta))e^{-\imath\ell\theta}d\theta \\ &= \frac{1}{2\pi} r^{|\ell|} \sum_{|\alpha|=|\ell|} \int_0^{2\pi} \theta^\alpha g_\alpha(r\theta) e^{-\imath\ell\theta} d\theta \\ &= r^{|\ell|} \tilde{q}(r). \end{aligned}$$

Aus $f_\ell(-r) = (-1)^\ell f_\ell(r)$ folgt, daß $\tilde{q}$ eine gerade Funktion ist, sie ist also darstellbar als $\tilde{q}(r) = q(r^2)$ wie behautptet.

∎

Wir zerlegen nun q in Polynome, die wir so wählen, daß ein Orthogonalsystem in $L_2(\Omega)$ entsteht. Seien $f_1, f_2 \in L_2(\Omega)$ mit

$$f_k(x) = |x|^\ell q_k(|x|^2) Y_\ell(\frac{x}{|x|}).$$

Dann ist

$$< f_1, f_2 >_{L_2(\Omega)} = \int_0^{2\pi} Y_\ell(\omega(\theta))\overline{Y_\ell(\omega(\theta))} d\theta \int_0^1 r^{2|\ell|+1} q_1(r^2) q_2(r^2) dr.$$

Entwickeln wir die Funktionen $q_\ell(r^2)$ nach Polynomen, so benötigen wir Orthogonalpolynome auf dem Intervall $[0,1]$ bezüglich der Belegung $r^{2|\ell|+1}$. Die Koordinatentransformation $t = 2r^2 - 1$ überführt das Intervall $[0,1]$ in $[-1,1]$, und es entsteht das Integral

$$2^{-2-|\ell|} \int_{-1}^1 (t+1)^{|\ell|} q_1(\frac{t+1}{2}) q_2(\frac{t+1}{2}) dt.$$

Die Jacobi - Polynome $P_n^{(\alpha,\beta)}$ sind orthogonal auf $[-1,1]$ bezüglich des Gewichtes $w_{\alpha\beta}(x) = (1-x)^\alpha (1+x)^\beta$. Wählen wir also

$$q_k(\frac{t+1}{2}) = P_k^{(0,|\ell|)}(t),$$

so haben wir ein Orthogonalsystem auf $L_2(\Omega)$ gefunden. Die Funktionen $q(r^2) = r^{|\ell|}P_n^{(0,|\ell|)}(2r^2-1)$ sind Polynome vom Grad $|\ell| + 2n = m$. Ordnen wir die Funktionen nach dem Grad dieser Polynome, so erhalten wir für

$$m \geq |\ell| \text{ und } m + \ell \text{ gerade}$$

die normalisierten Funktionen

$$v_{m\ell} = \begin{cases} \sqrt{\frac{m+1}{\pi}}|x|^{|\ell|}P_{(m-|\ell|)/2}^{(0,|\ell|)}(2|x|^2-1)Y_{|\ell|}(\frac{x}{|x|}) & \text{für } |x| \leq 1 \\ 0 & \text{für } |x| > 1 \end{cases}$$

als Orthonormalsystem auf $L_2(\Omega)$. Dabei haben wir die Normalisierung der Jacobi - Polynome benutzt. Der Anteil in $|x|$ der $v_{m\ell}$ sind die Z e r n i k e - Polynome.

Um die Singulärwertzerlegung der Radon – Transformation zu finden, wollen wir nun $Rv_{m\ell}$ berechnen. Wegen $RD^U = D_\omega^U R$ ist

$$Rv_{m\ell}(s,\omega) = g_{m\ell}(s)Y_\ell(\omega), \tag{6.2.1}$$

und es bleibt die Funktionen $g_{m\ell}$ zu bestimmen. Dazu verwenden wir die Wirkung der Radon – Transformation auf Differentialoperatoren.

Die Funktionen $v_{m\ell}$ sind Lösungen der Differentialgleichung

$$D_r v_{m\ell}(r\omega(\theta)) = [(1-r^2)\frac{\partial^2}{\partial r^2} + \frac{1}{r}(1-3r^2)\frac{\partial}{\partial r} + m(m+2) - \frac{\ell^2}{r^2}]v_{m\ell}(r\omega(\theta)) = 0.$$

Der Laplace – Operator Δ hat in Polarkoordinaten die Form

$$\Delta = \frac{\partial^2}{\partial r^2} + \frac{1}{r}\frac{\partial}{\partial r} + \frac{1}{r^2}\Delta_S,$$

wobei Δ_S den Laplace – Beltrami Operator bezeichnet. Im $I\!R^2$ ist er

$$\Delta_S = \frac{\partial^2}{\partial \theta^2}.$$

Wegen

$$\Delta_s v_{m\ell}(r\omega(\theta)) = -\ell^2 v_{m\ell}(r\omega(\theta))$$

können wir D_r umschreiben in

$$D_r v_{m\ell} = \left(\Delta + (m+1)^2 - \left(r^2\frac{\partial^2}{\partial r^2} + 3r\frac{\partial}{\partial r} + 1\right)\right)v_{m\ell}.$$

Die Anwendung der Radon – Transformation liefert mit den Lemmata 6.1.8 und 6.1.9

$$RD_r v_{m\ell} = \left(\frac{\partial^2}{\partial s^2} + (m+1)^2 - \left(s^2\frac{\partial^2}{\partial s^2} - 2s\frac{\partial}{\partial s} + 2 + 3s\frac{\partial}{\partial s} - 3 + 1\right)\right)Rv_{m\ell}$$
$$= \left((1-s^2)\frac{\partial^2}{\partial s^2} - s\frac{\partial}{\partial s} + (m+1)^2\right)Rv_{m\ell}.$$

Es erbigt sich somit folgende I n t e r t w i n i n g — Eigenschaft.

Satz 6.2.2. *Es seien*

$$D_r = (1-r)^2 \frac{\partial^2}{\partial r^2} + \frac{1}{r}(1-3r^2)\frac{\partial}{\partial r} + \left(m(m+2) - \frac{\ell^2}{r^2}\right)$$

und

$$D_s = (1-s^2)\frac{\partial^2}{\partial s^2} - s\frac{\partial}{\partial s} + (m+1)^2.$$

Dann gilt

$$RD_r = D_s R.$$

Wegen der Injektivität der Radon - Transformation liegt $Rv_{m\ell}$ im Kern von D_s, es ist also eine Lösung von

$$D_s Rv_{m\ell} = 0.$$

Wegen (6.2.1) haben wir damit

$$Rv_{m\ell} = c_{m\ell} u_{m\ell} Y_\ell. \qquad (6.2.2)$$

Da die $v_{m\ell}$ stetig sind, ist $Rv_{m\ell}$ beschränkt, denn

$$|Rv_{m\ell}(s,\omega)| \leq 2\sqrt{(1-s^2)} \sup_t |v_{m\ell}(s\omega + t\omega^\perp)|$$

und so

$$\|Rv_{m\ell}\|_\infty \leq 2\|v_{m\ell}\|_\infty.$$

Da eine der beiden linear unabhängigen Lösungen der Differentialgleichung $D_s y = 0$ unbeschränkt ist, hat diese Funktion keinen Anteil an $Rv_{m\ell}$. Die andere Lösung ist

$$y(s) = w(s) U_m(s)$$

mit $w(s) = \sqrt{1-s^2}$. Die U_m sind die T s c h e b y s c h e f f — Polynome

$$U_m(s) = \frac{\sin(m+1)\arccos s}{\sin \arccos s}.$$

Normieren wir diese Funktionen so ergibt sich

$$Rv_{m\ell} = \sigma_{m\ell} u_{m\ell}$$

mit

$$u_{m\ell}(s,\omega) = \begin{cases} \frac{1}{\pi}\sqrt{1-s^2} U_m(s) Y_\ell(\omega) & \text{für } |s| \leq 1 \\ 0 & \text{für } |s| > 1. \end{cases}$$

Die Funktionen $u_{m\ell}$ sind orthonormal in $L_2(Z, w^{-1})$. Da die Funktionen $v_{m\ell}$ ein vollständiges Orthonormalsystem auf $L_2(\Omega)$ bilden, ist

$$<R^*Rv_{m\ell}, v_{nk}>_{L_2(\Omega)} = <Rv_{m\ell}, Rv_{nk}>_{L_2(Z,w^{-1})} = 0 \; \text{für } m \neq n \text{ und } \ell \neq k.$$

Somit sind die $v_{m\ell}$ Eigenfunktionen von R^*R. Die Singulärwertzerlegung ist vollständig, wenn die singulären Werte berechnet sind.

Wegen

$$R^*g(x) = \int_0^{2\pi} w^{-1}(<x,\omega>) g(<x,\omega>,\omega) d\varphi$$

ist für $x = (1,0)^\top = \omega(0)$

$$R^*u_{m\ell}(\omega(0)) = \int_0^{2\pi} U_m(\cos\varphi) e^{\imath \ell \varphi} d\varphi.$$

Zur Berechnung dieses Integrals benutzen wir folgendes Ergebnis.

Lemma 6.2.3. *Es gilt*

$$U_m(\cos\alpha) = \sum_{k=0}^m e^{\imath(2k-m)\alpha}.$$

B e w e i s . Für $\alpha = 0$ ist $U_m(1) = m+1$, und die Aussage ist tivialerweise korrekt. Sei nun $\alpha \neq 0$. Dann ist

$$\sum_{k=0}^m e^{\imath(2k-m)\alpha} = e^{-\imath m\alpha} \sum_{k=0}^m e^{\imath 2k\alpha}$$

$$= e^{-\imath m\alpha} \frac{1-e^{\imath 2(m+1)\alpha}}{1-e^{\imath 2\alpha}}$$

$$= \frac{e^{-\imath(m+1)\alpha} - e^{\imath(m+1)\alpha}}{e^{-\imath\alpha} - e^{\imath\alpha}}$$

$$= U_m(\cos\alpha).$$

∎

Damit erhalten wir

$$R^*u_{m\ell}(\omega(0)) = \frac{1}{\pi} \int_0^{2\pi} U_m(\cos\varphi) e^{\imath \ell \varphi} d\varphi$$

$$= \frac{1}{\pi} \sum_{k=0}^m \int_0^{2\pi} e^{\imath(2k-m+\ell)\varphi} d\varphi$$

$$= 2.$$

Aus
$$R^* u_{m\ell}(\omega(0)) = \sigma_{m\ell} v_{m\ell}(\omega(0))$$
$$= \sigma_{m\ell} \sqrt{\frac{m+1}{\pi}}$$

ergibt sich
$$\sigma_{m\ell} = 2\sqrt{\frac{\pi}{m+1}}.$$

Wir fassen diese Ergebnisse zusammen in folgendem Satz.

Satz 6.2.4. *Die Radon - Transformation*
$$R: L_2(\Omega) \to L_2(Z, w^{-1})$$
hat die Singulärwertzerlegung
$$\{(v_{m\ell}, u_{m\ell}; \sigma_{m\ell})\}: \quad m \geq 0 \ \ \ell \in \mathbf{Z}: |\ell| \leq m \ , \ m + \ell \ \text{gerade}$$

mit
$$v_{m\ell}(x) = \begin{cases} \sqrt{\frac{m+1}{\pi}} |x|^{|\ell|} P^{(0,|\ell|)}_{(m-|\ell|)/2}(2|x|^2 - 1) Y_\ell(\frac{x}{|x|}) & \text{für } |x| \leq 1 \\ 0 & \text{für } x > 1, \end{cases}$$

$$u_{m\ell}(s,\omega) = \begin{cases} \frac{1}{\pi} w(s) U_m(s) Y_\ell(\omega) & \text{für } |s| \leq 1 \\ 0 & \text{für } |s| > 1, \end{cases}$$

und
$$\sigma_{m\ell} = \sigma_m = 2\sqrt{\frac{\pi}{m+1}}.$$

Die Singulärwerte $\sigma_{m\ell}$ sind unabhängig von ℓ, sie haben eine Vielfachheit der Ordnung $m + 1$. Es ist
$$\sigma_m = O(m^{-1/2}).$$

Gemäß Definition 3.2.1 erhalten wir folgende Klassifizierung für R.

Lemma 6.2.5. *Die Radon - Transformation ist schlecht gestellt von der Ordnung 1/2.*

Wir wollen nun zwei Folgerungen aus diesem Satz notieren. Zunächst wenden wir Satz 2.1.4 an und schreiben das Picard – Kriterium für R auf.

Lemma 6.2.6. (**Konsistenzbedingungen**) *Der Abschluß des Wertebereiches von* $R : L_2(\Omega) \to L_2(Z, w^{-1})$ *ist*

$$\overline{\operatorname{span}\{wU_mY_\ell : m \geq 0\,,\, \ell \in \mathbf{Z} \text{ mit } |\ell| \leq m \text{ und } m+\ell \text{ gerade}\}}.$$

Eine Funktion $g \in L_2(Z, w^{-1})$ *ist im Wertebereich von* R, *wenn sie eine Darstellung*

$$g(s,\omega) = w(s) \sum_{m=0}^\infty U_m(s) \sum_{\substack{|\ell| \leq m \\ m+\ell \text{ gerade}}} g_{m\ell} Y_\ell(\omega)$$

hat mit

$$\sum_{m=0}^\infty (m+1) \sum_{\substack{|\ell| \leq m \\ m+\ell \text{ gerade}}} |g_{m\ell}|^2 < \infty.$$

Der Nullraum von $R^* : L_2(Z, w^{-1}) \to L_2(\Omega)$ *ist*

$$\overline{\operatorname{span}\{wU_mY_\ell : m \geq 0\,,\, \ell \in \mathbf{Z} \text{ mit } |\ell| > m \text{ oder } m+\ell \text{ ungerade}\}}.$$

Gehen wir von reellwertigen Funktionen f aus, dann ist auch Rf reellwertig. Benutzen wir die Darstellung der Y_ℓ mit Hilfe der trigonometrischen Funktionen, so können wir Rf darstellen als

$$Rf(s,\omega) = w(s) \sum_{m=0}^\infty U_m(s) q_m(\omega) \qquad (6.2.3)$$

mit

$$q_m(\omega) = \sum_{\ell=0}^{\lfloor \frac{m}{2} \rfloor} \bigl(c_{m\ell} \cos \alpha_\ell \varphi + s_{m\ell} \sin \alpha_\ell \varphi \bigr) \qquad (6.2.4)$$

und

$$\alpha_\ell = \begin{cases} 2\ell & \text{für } m \text{ gerade} \\ 2\ell+1 & \text{für } m \text{ ungerade}. \end{cases}$$

Die Polynome q_m haben die gleiche Parität wie m. Da dies auch für die U_m gilt, erhalten wir sofort

$$Rf(-s,-\omega) = Rf(s,\omega).$$

Die Polynome q_m ergeben sich wegen der Orthogonalität der Tschbyscheff - Polynome zu

$$q_m(\omega) = \frac{2}{\pi} \int_{-1}^1 Rf(s,\omega) U_m(s) ds.$$

Wir erhalten somit folgende Form der Konsistenzbedingungen.

Lemma 6.2.7. $g \in L_2(Z, w^{-1})$ *ist im Abschluß des Wertebereiches von* $R : L_2(\Omega) \to L_2(Z, w^{-1})$ *genau dann, wenn*
i) $g(s, \omega) = 0$ *für* $|s| > 1$.
ii) $g(-s, -\omega) = g(s, \omega)$ *auf* Z.
iii) $\int s^k g(s, \omega) ds$ *ist ein Polynom in* ω *vom Grad* k.

Die Regularitätsbedingung aus dem Picard – Kriterium ist hier nicht direkt angebbar. Das können wir erreichen, wenn wir Sobolev – Raum Abschätzungen für R verwenden. Auf Z führen wir folgende Sobolev – Normen ein.

$$\|g\|^2_{H^\alpha(Z)} = \int_0^{2\pi} \|g(\cdot, \omega(\varphi))\|^2_{H^\alpha(\mathbf{R})} d\varphi.$$

Entsprechend ist für $\alpha \geq 0$

$$H^\alpha(Z) = \{g \in L_2(Z) : \|g\|_{H^\alpha(Z)} < \infty\}.$$

Satz 6.2.8. *Die Normen* $\|f\|_{L_2(\Omega)}$ *und* $\|Rf\|_{H^{1/2}(Z)}$ *sind äquivalent, es gilt*

$$2\sqrt{\pi} \|f\|_{L_2(\Omega)} \leq \|Rf\|_{H^{1/2}(Z)} \leq \sqrt{\pi} \sqrt{5\sqrt{2} + \ln(1 + \sqrt{2})} \|f\|_{L_2(\Omega)}.$$

Somit ist $R : L_2(\Omega) \to H^{1/2}(Z)$ *stetig, und* $R^{-1} : H^{1/2} \to L_2(\Omega)$ *ist stetig auf einem Unterraum.*

B e w e i s . Verwenden wir den Projektionssatz 6.1.3, so erhalten wir

$$\|Rf\|^2_{H^{1/2}(Z)} = \int_0^{2\pi} \int_{\mathbf{R}} (1 + \sigma^2)^{1/2} |\mathcal{F} Rf(\sigma, \omega)|^2 d\sigma d\varphi$$

$$= 2\pi \int_0^{2\pi} \int_{\mathbf{R}} (1 + \sigma^2)^{1/2} |\widehat{f}(\sigma\omega)|^2 d\sigma d\varphi$$

$$= 4\pi \int_0^{2\pi} \int_0^\infty (1 + \sigma^2)^{1/2} |\widehat{f}(\sigma\omega)|^2 d\sigma d\varphi.$$

Setzen wir $\xi = \sigma\omega$, so folgt mit $d\sigma d\varphi = |\xi|^{-1} d\xi$

$$\|Rf\|^2_{H^{1/2}(Z)} = 4\pi \int_{\mathbf{R}^2} |\xi|^{-1} (1 + |\xi|^2)^{1/2} |\widehat{f}(\xi)|^2 d\xi.$$

Da $|\xi|^{-2}(1 + |\xi|^2) \geq 1$ ist, ergibt sich mit der Formel von Plancherel, (2.4.3),

$$\|Rf\|_{H^{1/2}(Z)} \geq 2\sqrt{\pi} \|f\|_{L_2(\Omega)}.$$

Der Faktor $(1+|\xi|^2)^{1/2}|\xi|^{-1}$ ist in 0 unbeschränkt, wir betrachten deshalb die beiden Fälle $|\xi| \geq 1$ und $|\xi| < 1$. Für $|\xi| \geq 1$ ist $(1+|\xi|^2)|\xi|^{-2} \leq 2$, also

$$4\pi \int_{|\xi|\geq 1} |\xi|^{-1}(1+|\xi|^2)^{1/2}|\widehat{f}(\xi)|^2 d\xi \leq 4\sqrt{2}\pi \|f\|^2_{L_2(\Omega)}.$$

Für $|\xi| \leq 1$ verwenden wir die Höldersche Ungleichung.

$$\int_{|\xi|\leq 1} |\xi|^{-1}(1+|\xi|^2)^{-1/2}|\widehat{f}(\xi)|^2 d\xi \leq \sup_{|\xi|\leq 1} |\widehat{f}(\xi)|^2 \int_{|\xi|\leq 1} |\xi|^{-1}(1+|\xi|^2)^{1/2}d\xi$$
$$= \pi(\sqrt{2}+\ln(1+\sqrt{2})) \sup_{|\xi|\leq 1} |\widehat{f}(\xi)|^2.$$

Für alle ξ gilt wegen des kompakten Trägers von f in $\Omega = \{|x| \leq 1\}$

$$|\widehat{f}(\xi)| = \frac{1}{2\pi} |\int_{|x|\leq 1} f(x)e^{-i<x,\xi>}dx|$$
$$\leq \frac{1}{2\pi}\Big(\int_{|x|\leq 1}|f(x)|^2 dx\Big)^{1/2}\Big(\int_{|x|\leq 1}|e^{-i<x,\xi>}|^2 dx\Big)^{1/2}$$
$$\leq 2^{-1}\pi^{-1/2}\|f\|_{L_2(\Omega)}$$

da $|e^{-i<x,\xi>}| = 1$ ist. Dies gilt für alle ξ, somit auch für das Supremum über ξ. Insgesamt erhalten wir

$$\|Rf\|^2_{H^{1/2}(Z)} \leq (4\sqrt{2}\pi + 4\pi^2(\sqrt{2}+\ln(1+\sqrt{2})2^{-2}\pi^{-1})\|f\|^2_{L_2(\Omega)}$$
$$= \pi(4\sqrt{2}+\sqrt{2}+\ln(1+\sqrt{2}))\|f\|^2_{L_2(\Omega)}.$$

∎

Wir haben bei der Radon – Transformation also auch die Klassifizierung der Schlechtgestelltheit über Sobolev – Normen, wie wir sie nach der Definition 3.2.1 in Kapitel 3 diskutiert haben. Bei der Anwendung in der Computer – Tomographie erhalten wir Funktionen, die nicht global stetig, sondern nur stückweise stetig sind. Von solchen Funktionen kann man zeigen, daß sie im Sobolev – Raum H^β sind mit $\beta < 1/2$. Im Sinne der Definition 3.2.4 ist die Radon – Transformation bei vollständigen Daten auf dem ganzen Zylinder Z mäßig schlecht gestellt .

6.3 Rekonstruktionsalgorithmen

Es sei f eine Funktion mit kompaktem Träger im Einheitskreis $\Omega \in \mathbb{R}^2$. Dann ist die Radon - Transformierte $Rf(s,\omega) = 0$ für $|s| > 1$. Wir nehmen zunächst an, Rf sei für p verschiedene Richtungen $\omega_1, \cdots, \omega_p \in S^1$ als Funktionen von s gegeben. Dies ist eine unrealistische Annahme, weil in der Praxis nie unendlich viele Daten zur Verfügung stehen. Trotzdem stellen wir fest, daß die Funktion f aus $Rf(\cdot, \omega_j)$, $j = 1, \cdots, p$, nicht eindeutig bestimmt ist. Benutzen wir die Darstellung (6.2.3) für Rf, so sehen wir, daß aus der Bedingung

$$Rf(s, \omega_j) = 0 \; f\ddot{u}r \; fast \; alle \; s \; und \; j = 1, \cdots, p$$

wegen der Orthogonalität der singulären Funktionen folgt

$$q_m(\omega_j) = 0 \; f\ddot{u}r \; j = 1, \cdots, p \; und \; alle \; m \geq 0. \tag{6.3.1}$$

Die q_m sind trigonometrische Polynome mit $m + 1$ freien Parametern, wie aus (6.2.4) ersichtlich ist. Wegen der Bedingung (6.3.1) folgt

$$q_m \equiv 0 \; f\ddot{u}r \; m \leq p.$$

Natürlich gibt es für $m > p$ Polynome $q_m \not\equiv 0$, die der Bedingung (6.3.1) genügen. Wegen der Linearität der Radon - Transformation ergibt sich folgender N i c h t e i n d e u - t i g k e i t s s a t z .

Satz 6.3.1. *Sei* $f \in L_2(\Omega)$ *und* $\omega_1, \cdots, \omega_p \in S^1$ *fest und paarweise verschieden. Dann ist der Nullraum der Radon - Transformation für diese Richtungen*

$$\mathcal{N}_p = \{f \in L_2(\Omega) \; : \; Rf(s, \omega_j) = 0 \; f\ddot{u}r \; fast \; alle \; s \; und \; j = 1, \cdots, p\} \neq \{0\},$$

also nichttrivial. Für die Funktionen $f \in \mathcal{N}_p$ *gilt*

$$Rf(s, \omega) = w(s) \sum_{m > p} U_m(s) q_m(\omega)$$

mit $q_m(\omega_j) = 0$ *für* $j = 1, \cdots, p$.

Die Funktionen im Nullraum werden G e i s t e r genannt, im Gegensatz zu den " natürlichen " Geistern exisitieren sie, sie sind aber unsichtbar (aus den Richtungen $\omega_1, \cdots, \omega_p$). Mit Hilfe des Projektionssatzes kann man die Frequenzverteilung, die Fourier - Transformierte, angeben. Es gilt für $f \in \mathcal{N}_p$

$$\widehat{f}(\sigma \omega) = \sum_{m > p} \imath^m \sigma^{-1} J_{m+1}(\sigma) q_m(\omega),$$

185

wobei die J_m wieder die Bessel – Funktionen erster Art sind, die q_m erfüllen die oben angegebenen Bedingungen (6.3.1). Aus der Debyeschen Formel,

$$0 \leq J_\nu(\vartheta\nu) \leq (2\pi\nu)^{-1/2}(1-\vartheta^2)^{-1/4}e^{-(\nu/3)(1-\vartheta^2)^{3/2}},$$

folgt, daß die Bessel – Funktionen sehr klein sind, wenn das Argument σ kleiner ist als die Ordnung m. Basierend auf diesem Ergebnis läßt sich zeigen, daß der Anteil des Spektrums der Geister außerhalb des Kreises um 0 mit Radius p verglichen mit der Gesamtenergie fast 100% beträgt. Das bedeutet, daß im wesentlichen nur hohe Frequenzen, also kleine Details, verfälscht werden.

Wird der Einfluß der hohen Frequenzen $|\xi| > p$ durch ein Filter eliminiert, so erhalten wir eine Funktion, deren Fourier – Transformierte kompakten Träger in einem Kreis mit Radius p hat. Solche Funktionen werden b a n d b e s c h r ä n k t mit B a n d b r e i t e p genannt. Das Shannon'sche Abtasttheorem besagt, daß solche Funktionen nur Details größer als $2\pi/p$ enthält. Das liefert eine untere Schranke für die A u f l ö s u n g bei endlich vielen Meßrichtungen. Dieses Theorem liefert außerdem eine Aussage über die A b t a s t r a t e , das heißt, den Abstand zwischen Meßpunkten. Bei Details der Größe $2\pi/p$ darf die Schrittweite höchstens die Hälfte der Größe des kleinsten Objektes sein, wir erhalten die N y q u i s t — B e d i n g u n g

$$h \leq \frac{\pi}{p}.$$

Direkt anwendbar auf das Rekonstruktionsproblem ist dieses Ergebnis nicht, da wir zu Beginn vorausgesetzt haben, daß die uns interessierenden Funktionen kompakten Träger haben. Deren Fourier – Transformierte sind analytische Funktionen, und außer der 0 gibt es keine analytische Funktion mit kompaktem Träger. Zumindest können wir aber eine Aussage über die benötigten Messungen machen, um eine gewünschte Auflösung zu erreichen. Mit p Richtungen ist, wie oben diskutiert, die Auflösung $2\pi/p$, es muß mit einer Rate $h \leq \pi/p$ abgetastet werden. Für das Intervall $[-1,1]$ benötigen wir dann $2q+1$ Messungen mit $q = 1/h \simeq p/\pi$. Wir erhalten die Realtion

$$p \simeq \pi q,$$

also bei p Richtungen brauchen wir etwa $2\pi p$ Strahlen pro Richtung.

Um einen Rekonstuktionsalgorithmus, das heißt ein Verfahren zur Berechnung von f bei gegebenen Daten Rf zu entwickeln, nehmen wir an, die Daten seien in der sogenannten p a r a l l e l e n G e o m e t r i e gegeben. Dabei wird die Röntgenröhre zusammen mit dem Detektor bei fester Richtung ω so verschoben, daß der zu untersuchende Bereich vollständig abgedeckt wird. Danach wird die Meßanordnung gedreht, die Messung wird für die nächste Richtung durchgeführt. Wir gehen von einer gleichmäßigen Abtastung aus, gegeben sei also

$$Rf(s_\ell, \omega_j)$$

für
$$\omega_j = \omega(\varphi_j), \ \varphi_j = (j-1)\frac{\pi}{p}, \ j = 1, \cdots, p$$
und
$$s_\ell = \ell h, \ \ell = -q, \cdots, q, \ h = \frac{1}{q}.$$

In der Inversionsformel aus Satz 6.1.4,
$$R^{-1} = (4\pi)^{-1} R^\sharp I^1,$$
werden die hohen Frequenzen von $\mathcal{F}Rf$ wegen des Faktors $|\sigma|$ verstärkt. Da aber gerade diese Frequenzen besonders fehleranfällig sind, liefert die Multiplikation mit dem unbeschränkten Faktor eine extreme Verstärkung des Datenfehlers und so eine instabile Formel. Dies ist auf Grund der Schlechtgestelltheit des Problems natürlich zu erwarten.

Filtern wir die Daten, indem wir die Fourier - Transformierte der Daten mit einem Filter multiplizieren, so erhalten wir analog zu den Faltungsgleichungen in Kapitel 4.1 eine Faltung des gewünschten Ergebnisses. Im folgenden nehmen wir an, daß die Daten für die verschiedenen Richtungen ω_j mit dem gleichen Filter $F(\sigma)$ multipliziert werden.

Das Filter sei so bestimmt, daß die in der Inversionsformel auftretende Konstante und die Konstante aus dem Faltungssatz enthalten ist. Es sei

$$\begin{aligned}\mathcal{F}\psi(\sigma,\omega) &= (4\pi)^{-1}|\sigma|\ \mathcal{F}Rf(\sigma,\omega)\ F_\gamma(\sigma) \\ &= (2\pi)^{1/2}\mathcal{F}Rf(\sigma,\omega)\cdot \widehat{e}_\gamma(\sigma),\end{aligned}$$

mit
$$\widehat{e}_\gamma(\sigma) = (4\pi)^{-1}(2\pi)^{-1/2}|\sigma|F_\gamma(\sigma), \tag{6.3.2}$$
also ergibt sich mit Hilfe des Faltungssatzes

$$\psi(s,\omega) = \bigl(Rf(\cdot,\omega) * e_\gamma\bigr)(s).$$

Wenden wir die Rückprojektion auf $Rf * e_\gamma$ an, so ergibt das

$$\begin{aligned}R^\sharp(Rf * e_\gamma)(x) &= \int_0^{2\pi}\int_R Rf(t,\omega)e_\gamma(<x,\omega>-t)dt d\varphi \\ &= \int_0^{2\pi}\int_{R^2} f(y) e_\gamma(<x-y,\omega>)dy d\varphi \\ &= f * R^\sharp e_\gamma(x)\end{aligned}$$

wobei wir wieder Lemma 6.1.2 angewandt haben.

Lemma 6.3.2. *Sei* $f \in L_2(\Omega)$, $E_\gamma \in L_1(\Omega)$ *mit* $E_\gamma(x) = E_\gamma(|x|)$. *Dann gilt*

$$f * E_\gamma = R^\sharp(e_\gamma * Rf)$$

mit

$$E_\gamma = R^\sharp e_\gamma.$$

Um einen Rekonstruktionsalgorithmus zu entwickeln, haben wir also zwei mögliche Zugänge. Zum einen können wir E_γ wählen, so daß $f * E_\gamma$ möglichst nahe bei f liegt. Aus diesem E_γ wird dann das Filter F_γ berechnet. Andererseits können wir direkt F_γ und so e_γ vorschreiben und die Wirkung auf das Ergebnis durch Berechnung der Funktion E_γ studieren. An einem einfachen Beispiel soll die Wirkung der Filterung studiert werden.

Beispiel 6.3.3. Sei F_γ das ideale Tiefpaß

$$F_\gamma(\sigma) = \begin{cases} 1, & |\sigma| \leq \gamma \\ 0, & |\sigma| > \gamma, \end{cases}$$

dann sind die gefilterten Daten ohne den Faktor $(4\pi)^{-1}|\sigma|$

$$(2\pi)^{1/2} \mathcal{F} Rf(\sigma,\omega) F_\gamma(\sigma) = \widehat{f}(\sigma\omega) F_\gamma(\sigma).$$

Nach Lemma 4.1.5 iii) ergibt die Rekonstruktion dann

$$E_\gamma * f$$

mit

$$E_\gamma(x) = (2\pi)^{-1}|x|^{-1} J_1(\gamma|x|).$$

Es bestehen nun zwei Möglichkeiten, den Rekonstruktionsalgorithmus zu realisieren. Einmal können wir die schnelle Fourier – Transformation auf die Daten anwenden, mit dem Filter multiplizieren, und dann die inverse Fourier – Transformation anwenden und rückprojezieren. Die andere Möglichkeit ist diejenige, die in der Praxis angewandt wird. Es wird direkt das Faltungsfilter e_γ ausgerechnet, die Daten werden diskret gefiltert und dann rückprojeziert.

Bei vorgegebenem Filter F_γ berechnen wir die inverse Fourier – Transformation von $\widehat{e}_\gamma$ aus (6.3.2)

$$e_\gamma(s) = \frac{1}{8\pi^2} \int_{\mathbb{R}} |\sigma| F_\gamma(\sigma) e^{is\sigma} d\sigma.$$

Beschränken wir und auf symmetrische Filter F_γ, damit e_γ reell ist, so ergibt das

$$e_\gamma(s) = \frac{1}{4\pi^2} \int_0^\infty \sigma F_\gamma(\sigma) \cos s\sigma \, d\sigma. \tag{6.3.3}$$

Beispiel 6.3.4. *Sei F_γ das ideale Tiefpaß. Dann ist der RAM - LAK Filter*

$$e_\gamma(s) = \frac{1}{4\pi^2} \left(\frac{\cos \gamma s - 1}{s^2} + \frac{\gamma \sin \gamma s}{s} \right).$$

Mit $\gamma = \pi/h$ und $s = s_\ell = \ell h$ ergibt sich

$$e_\gamma(s_\ell) = \frac{1}{2\pi^2 h^2} \begin{cases} \frac{\pi^2}{4} & \ell = 0 \\ 0 & \ell \text{ gerade} \\ -\frac{1}{\ell^2} & \ell \text{ ungerade} \end{cases}.$$

B e w e i s . Es ergibt sich e_γ zu

$$e_\gamma(s) = \frac{1}{4\pi^2} \int_0^\gamma \sigma \cos s\sigma \, d\sigma.$$

Für $s = 0$ ist

$$e_\gamma(0) = \frac{1}{4\pi^2} \int_0^\gamma \sigma \, d\sigma = \frac{1}{8\pi^2} \gamma^2,$$

und für $s \neq 0$ gilt

$$e_\gamma(s) = \frac{1}{4\pi^2} \left(\frac{\cos s\sigma}{s^2} + \frac{\sigma \sin s\sigma}{s} \right) \Big|_0^\gamma$$
$$= \frac{1}{4\pi^2} \left(\frac{\cos \gamma s - 1}{s^2} + \frac{\gamma \sin \gamma s}{s} \right).$$

Setzen wir die speziellen Werte von γ und s ein, so ist $\gamma s = \ell \pi$ und daher für $\ell \neq 0$

$$e_\gamma(s_\ell) = \frac{1}{4\pi^2} \frac{\cos \ell \pi - 1}{\ell^2 h^2},$$

woraus sich obiges Ergebnis ergibt.

∎

Dieses Filter wurde von Ramachandran und Lakshminarayanan, daher RAM – LAK, vorgeschlagen. Bei der Rekonstruktion zeigen sich Ringartefakte, also Störungen, welche die Form von konzentrischen Kreisen haben. Diese werden durch die Unstetigkeit der Fourier – Transformierten von f hervorgerufen. Bessere Ergenisse zeigt folgendes Filter, das von Shepp – Logan hergeleitet wurde.

Beispiel 6.3.5. *Sei*
$$F_\gamma(\sigma) = \begin{cases} \operatorname{sinc}\frac{\sigma\pi}{2\gamma}, & |\sigma| \leq \gamma \\ 0 & |\sigma| > \gamma. \end{cases}$$

Dann ist das Shepp - Logan Filter

$$e_\gamma(s) = \frac{\gamma^2}{2\pi^3} \frac{\frac{\pi}{2} - \gamma s \sin \gamma s}{(\frac{\pi}{2})^2 - \gamma^2 s^2}.$$

Mit $\gamma = \pi/h$ *und* $s = s_\ell = \ell h$ *ergibt das*

$$e_\gamma(s_\ell) = \frac{\gamma^2}{\pi^4} \frac{1}{1 - 4\ell^2}.$$

B e w e i s . Es ist

$$\begin{aligned}
e_\gamma(s) &= \frac{1}{4\pi^2} \int_0^\gamma \sigma \operatorname{sinc}\frac{\sigma\pi}{2\gamma} \cos s\sigma \, d\sigma \\
&= \frac{\gamma}{2\pi^3} \int_0^\gamma \sin \frac{\sigma\pi}{2\gamma} \cos s\sigma \, d\sigma \\
&= \frac{\gamma}{4\pi^3} \int_0^\gamma \left(\sin \sigma(\frac{\pi}{2\gamma} - s) + \sin \sigma(\frac{\pi}{2\gamma} + s) \right) d\sigma \\
&= -\frac{\gamma}{4\pi^3} \left(\frac{\cos(\frac{\pi}{2} - s\gamma) - 1}{\frac{\pi}{2} - s\gamma} + \frac{\cos(\frac{\pi}{2} + s\gamma) - 1}{\frac{\pi}{2} + s\gamma} \right) \\
&= \frac{\gamma^2}{2\pi^3} \frac{\frac{\pi}{2} - \gamma s \sin \gamma s}{(\frac{\pi}{2})^2 - \gamma^2 s^2}.
\end{aligned}$$

Einsetzen der Werte für γ und s liefert schließlich das Ergebnis.

∎

Zur numerischen Inversion der Radon – Transformation müssen die Faltung und die Rückprojetkion diskretisiert werden. Zunächst führen wir eine diskrete Faltung dadurch ein, daß wir das Faltungsintegral diskretisieren. Es sei

$$e_\gamma *_h Rf(s, \omega_j) = h \sum_{\ell=-q}^{q} e_\gamma(s - s_\ell) Rf(s_\ell, \omega_j), \; j = 1, \cdots, p.$$

Bei der Rückprojektion ist $s = <x, \omega_j>$ einzusetzen. Soll ein Näherungswert von f für $N \times N$ Pixel berechnet werden, so ist jede dieser p Funktion für N^2 verschiedene Argumente auszuwerten. Jede diskrete Faltung benötigt $2q + 1$ Multiplikationen und $2q$ Additionen. Insgesamt ergeben sich dann $N^2 p(2q + 1)$ Multiplikationen. Das Verfahren ist in dieser Form viel zu langsam, um praktisch angewandt werden zu können. Statt dessen berechnen wir die diskrete Faltung nur an den Stellen $s = s_k$ und interpolieren dazwischen. Es hat sich herausgestellt, daß lineare Interpolation eine hinreichende Genauigkeit liefert.

Zur Diskretisierung der Rückprojektion verwenden wir die Trapezregel. Für periodische Funktionen ist diese Integration über die Periodenlänge extrem genau, was man mit Hilfe der Euler – Maclaurinschen Summenformel sieht. Wir benutzen die Symmetrie der Radon – Transformierten, $Rf(-s, -\omega) = Rf(s, \omega)$, und approximieren das Integral durch

$$\int_0^{2\pi} h(\varphi) d\varphi \doteq \frac{2\pi}{p} \sum_{j=1}^{p} h(\varphi_j).$$

Es ergibt sich dann folgendes Verfahren, das Verfahren der g e f i l t e r t e n R ü c k p r o j e k t i o n .

Schritt 1. Berechne für $j = 1, \cdots, p$ die diskreten Faltungen

$$\psi_{j,k} = h \sum_{\ell=-q}^{q} e_\gamma(s_k - s_\ell) Rf(s_\ell, \omega_j), \ k = -q, \cdots, q.$$

Schritt 2. Berechne für x die diskrete Rückprojektion

$$\tilde{f}(x) = \frac{2\pi}{p} \sum_{j=1}^{p} ((1-\eta)\psi_{j,k} + \eta \psi_{j,k+1})$$

wobei k und η so bestimmt sind, daß

$$s = <x, \omega_j>, \quad k \leq \frac{s}{h} < k+1, \quad \eta = \frac{s}{h} - k$$

gilt.

Die lineare Interpolation vor der Rückprojektion läßt sich als zusätzliche Filterung der Daten interpretieren. Die Basisfunktion bei der stückweise linearen Interpolation ist

$$B(s) = \begin{cases} 1 - |s|, & |s| \leq 1 \\ 0, & |s| > 1. \end{cases}$$

Sie läßt sich als Faltung der charakteristischen Funktion des Intervalles $[-1/2, 1/2]$ mit sich selbst schreiben. Also ist die Fourier – Transformierte von $D^h B$ mit der Dilatation aus Kapitel (2.4) auf Grund von Formel (2.4.10) gegeben durch

$$\mathcal{F} D^h B(\sigma) = h^{1/2} (2\pi)^{-1/2} \left(\text{sinc}(\frac{\sigma h}{2})\right)^2.$$

Bis auf hochfrequente Anteile ist die interpolierte Funktion das Produkt aus

$$h^{1/2}\{D^h B(\sigma)\widehat{e}(\sigma)\mathcal{F}Rf(\sigma,\omega).$$

Schließlich wollen wir die Wirkung der numerischen Integration bei der Rückprojektion untersuchen. Dazu wählen wir als Funktion f die im Punkte η konzentrierte Delta - Distribution, also
$$f = \delta_\eta.$$
Wir berechnen das Ergebnis des Verfahrens der gefilterten Rückprojektion auf $R\delta_\eta$, also die sogenannte point - spread Funktion. Wegen

$$\widehat{\delta_\eta h} = \delta_\eta \widehat{h} = \widehat{h}(\eta) = (2\pi)^{-1} \int_{\mathbb{R}} h(\xi) e^{-\imath <\xi, \eta>} d\xi$$

ist
$$\mathcal{F}\delta_\eta(\xi) = (2\pi)^{-1} e^{-\imath <\xi, \eta>}.$$

Nach dem Projektionssatz ist dann

$$\mathcal{F}R\delta_\eta(\sigma, \omega) = (2\pi)^{-1/2} e^{-\imath \sigma <\omega, \eta>}.$$

Durch Filterung dieser Funtkion ergibt sich

$$\mathcal{F}\psi(\sigma, \omega) = (4\pi)^{-1}(2\pi)^{-1/2} |\sigma| F_\gamma(\sigma) e^{-\imath \sigma <\omega, \eta>},$$

also nach Anwendung der inversen Fourier - Transformation

$$\psi(s, \omega) = \frac{1}{8\pi^2} \int_{\mathbb{R}} |\sigma| F_\gamma(\sigma) e^{\imath \sigma (s - <\omega, \eta>)} d\sigma.$$

Die Rückprojektion von ψ an der Stelle x liefert

$$R^\sharp \psi(x) = \frac{1}{8\pi^2} \int_0^{2\pi} \int_{\mathbb{R}} |\sigma| F_\gamma(\sigma) e^{\imath \sigma <\omega, x - \eta>} d\sigma d\varphi.$$

Schreiben wir $\omega = \omega(\varphi)$ und
$$x - \eta = |x - \eta|\omega(\vartheta),$$
so ist
$$e^{\imath \sigma <\omega, x-\eta>} = e^{\imath \sigma |x-\eta|\cos(\varphi - \vartheta)}.$$

Aus
$$e^{\imath z \cos\theta} = \sum_{m=-\infty}^{\infty} \imath^m J_m(z) e^{\imath m\theta}$$

ergibt sich $R^\sharp \psi$ nach Vertauschen von Summation und Integration, was wegen des kompakten Trägers des Filters F_γ und der gleichmäßigen Konvergenz der Reihe möglich ist, zu

$$R^\sharp \psi(x) = \frac{1}{8\pi^2} \sum_{m=-\infty}^{\infty} \imath^m \int_R |\sigma| F_\gamma(\sigma) J_m(\sigma|x-\eta|) d\sigma \int_0^{2\pi} e^{\imath m(\varphi-\vartheta)} d\varphi.$$

Bei exakter Integration über φ erhalten wir wegen der Orthogonalität der Exponentialfunktion nur einen Beitrag für $m = 0$ und so das bekannte Ergebnis

$$R^\sharp \psi(x) = \frac{1}{2\pi} \int_0^\infty \sigma F_\gamma(\sigma) J_0(\sigma|x-\eta|) d\sigma.$$

Wenden wir nun die diskrete Rückprojektion an, so sehen wir, daß der Integrand im σ - Integral gerade ist, wenn m gerade ist, und ungerade, wenn m ungerade. Die Integrale für ungerades m sind deshalb 0, es bleiben nur die geraden $m = 2n$ übrig. Für diese ergibt die Trapezregel für das φ - Integral

$$\frac{2\pi}{p} \sum_{j=1}^p e^{\imath 2n(\varphi_j - \vartheta)} = \frac{2\pi}{p} e^{-\imath 2n\vartheta} \sum_{j=1}^p e^{\imath 2n(j-1)\pi/p}$$

$$= \frac{2\pi}{p} e^{-\imath 2n\vartheta} \sum_{j=0}^{p-1} (e^{\imath 2n\pi/p})^j.$$

Ist $2n$ ein ganzzahliges Vielfaches von p so ist

$$\sum_{j=0}^{p-1} (e^{\imath 2n\pi/p})^j = \sum_{j=0}^{p-1} 1 = p.$$

Andernfalls gilt

$$\sum_{j=0}^{p-1} (e^{\imath 2n\pi/p})^j = \frac{1 - e^{\imath 2n\pi}}{1 - e^{\imath 2n\pi/p}} = 0.$$

Wir erhalten insgesamt für die diskrete Rückprojektion $R_D^\sharp$

$$R_D^\sharp \psi(x) = \frac{1}{2\pi} \sum_{n=-\infty}^{\infty} (-1)^{np} e^{-\imath 2n\vartheta} \int_0^\infty \sigma F_\gamma(\sigma) J_{2np}(\sigma|x-\eta|) d\sigma$$

$$= R^\sharp \psi(x) + \sum_{n \neq 0} (-1)^{np} e^{-\imath 2n\vartheta} \int_0^\infty \sigma F_\gamma(\sigma) J_{2np}(\sigma|x-\eta|) d\sigma.$$

Die Summe in der letzten Zeile stellt den Fehler bei der numerischen Rückprojektion dar. Wenden wir einen der oben diskutierten Filter mit Abschneidefrequenz $\gamma = \pi/h$ und $h = 1/q \simeq \pi/p$ also

$$\gamma \simeq p$$

an, dann sind die Besselfunktionen klein für Argumente

$$\sigma|x - \eta| \leq \gamma|x - \eta| \simeq p|x - \eta| \leq 2|n|p, \ n \neq 0,$$

also
$$|x - \eta| \leq 2.$$

Diese Bedingung ist für x, η aus dem Einheitskreis erfüllt. Ein exaktes Studium des Fehlers bestätigt, daß die Fehler bei der diskreten Rückprojektion erst außerhalb der Region – of – Interest störend groß werden. Eine geeignete Wahl von Anzahl der Richtungen, Strahlen pro Richtung und Filter garantiert, daß sowohl der Einfluß der Nichteindeutigkeit als auch der numerischen Fehler ausreichend klein bleiben.

Die Herleitung der Rekonstruktionsformel basiert auf der speziellen Abtastgeometrie, der parallelen Geometrie. In nichtmedizinischen Anwendungen der Computer – Tomographie wird sie noch eingesetzt, in der Medizin selbst ist die Meßzeit bei der gewünschten und erreichbaren Auflösung der Bilder zu lange, die Patienten würden unnötig belastet. Dort verwendet mand die sogenannnte F ä c h e r s t r a h l g e o m e t r i e . Die Röntgenröhre wird auf einem Kreis um den Patienten geführt. Aus jeder Position der Röhre wird ein ganzer Fächer von Strahlen entsandt, der in mehreren Hundert Detektoren auf der gegenüberliegenden Seite des Patienten gemessen wird, siehe Abbildung 1.2.2. Ist die Position der Röntgenquelle $D\omega(\alpha)$ mit $D > 1$ und der Winkel zwischen einem Strahl und der Verbindung von Quelle und Koordinatenursprung β, so besteht zwischen den Daten der Fächerstrahlgeometrie Df und der Radon – Transformation der Zusammenhang

$$Df(\alpha, \beta) = Rf(D \sin \beta, \omega(\alpha + \beta - \frac{\pi}{2})).$$

Der oben beschriebene Rekonstruktionsalgorithmus kann durch geeignete Koordinatentranformation umgerechnet werden. Für Herleitungen solcher Formeln sei auf das Buch von Natterer verwiesen.

Um die Wirkung unterschiedlicher Abschneidefrequenzen zu testen, haben wir zwei Aufnahmen von einem Siemens – Scanner benutzt. Es handelt sich um eine Aufnahme aus dem Schädelbereich, Abbildung 6.3.1 a, b, und um eine Abdomen – Aufnahme, c, d. Bei den beiden Rekonstruktionen, a, c, wurde die optimale Abschneidefrequenz gewählt, die Rekonsruktionen sind scharf und zeigen viele Details. Eine zu vorsichtige Wahl der Abschneidefrequenz liefert weit weniger gute Auflösung. Bei den beiden Rekonstruktionen, b, d, wurde die Abschneidefrequenz halbiert, damit die Auswirkung deutlich wird, die Rekonstruktionen sind verschwommen und zeigen weniger Einzelheiten. Zur VerstΞrkung des Effektes wurden bei dem zweiten Datensatz die Meßwerte einiger Detektoren verfälscht. Bei Verwendung des optimalen Filters zeigt sich das in den feinen Streifen in der Rekonstruktion. Bei der kleinen Abschneidefrequenz ist dies fast vollständig weggeglättet.

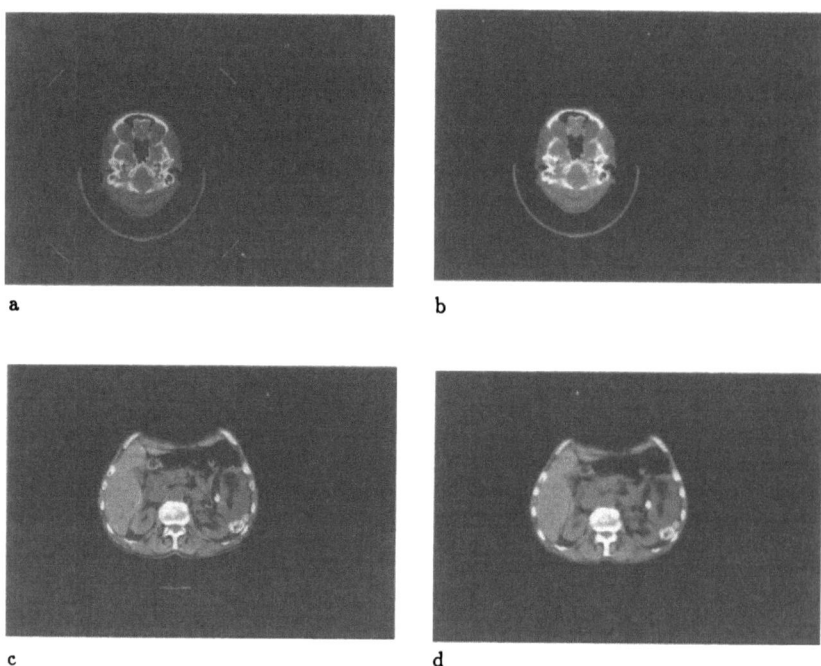

Abbildung 6.3.1. Rekonstruktionen von Daten aus einem Siemens – Scanner. a, b : Schädel – Aufnahme, c, d : Abdomen – Aufnahme. In a und c wurde das optimale Filter benutzt, in b und d ist die Abschneidefrequenz halbiert, die Bilder sind weniger scharf. Die Streifen in der Abdomen – Aufnahme wurden durch Verfälschen einiger Meßdaten errreicht, um den Mittelungsprozess bei zu kleinen Abschneidefrequenzen zu verdeutlichen.

6.4 Bemerkungen und Literaturhinweise

Im Jahre 1917 hat Radon [96] das Problem untersucht, ob eine Funktion im $I\!R^2$ aus ihren Linienintegralen beziehungsweise im $I\!R^3$ aus ihren Ebenenintegralen eindeutig bestimmt ist. Er hat auch Inversionsformeln angegeben. Erste Arbeiten, wo Linienintegrale in der Computer – Tomographie auftauchen, stammen von Cormack [16] und Hounsfield [49], die für ihre Arbeiten gemeinsam 1979 den Nobelpreis für Medizin erhielten.

Mathematische Eigenschaften der Radon – Transformation sind studiert in den Büchern von Gelfand – Graev – Vilenkin [28] und Helgason [41], siehe auch Natterer [84], wo auch die Anwendungen und numerische Probleme intensiv behandelt sind. Der Zusammenhang zwischen Radon – Transformation und Differentialoperatoren wurde schon von John [50] benutzt, um hyperbolische Differentialgleichungen in mehrerer Raumdimensionen auf eine Schar von hyperbolischen Differentialgleichungen in einer Raumdimension zu reduzieren.

Singulärwertzerlegungen sind für verschiedene Funktionenräume bekannt. Cormacks Resultat [16] läßt sich als Singulärwertzerlegung der Radon – Transformation im $I\!R^2$, mit den in Satz 6.2.4 verwendeten Räumen interpretieren, siehe auch Marr [74]. Für beliebige Diemnsionen, verschiedene Gewichte und Funktionen mit kompaktem Träger stammt die Singulärwertzerlegung von Louis [63,64]. Die Singulärwertzerlegung für die Röntgen – Transformation, wo Linienintegrale im $I\!R^N$ gegeben sind, wurde von Maaß [73] hergeleitet. Eine Singulärwertzerlegung für das äußere Problem, also $Rf(s,\omega)$ für $s > 1$ gegeben, stammt von Quinto [95]. Auf die Fächerstrahlgeometrie wurden die Ergebnisse aus dem $I\!R^2$ übertragen von Louis – Rieder [71].Bei den Herleitungen der Singulärwertzerlegung wurde entweder die Integraltransformation zerlegt in Hankel – und Fourier – Transformation, und deren Abbildungseigenschaften lieferte das Ergebnis, oder es wurde wie in Natterer [84] die Eigenwerte und Eigenfunktionen von RR^* untersucht.

Bei der hier eingeführten Herleitung über Zerlegung der Radon – Transformation in invariante Unterräume und Intertwining – Eigenschaften wurden Differentialgleichungen orthogonaler Polynome benutzt, siehe Abramowitz – Stegun [1] für die Tschebyscheff – Polynome und Myrick [79], Zernike [127] für die Zernike – Polynome.

Die Konsistenzbedingungen für die Radon – Transformation in Lemma 6.2.6 sind von Gelfand – Graev – Vilenkin [28] und Helgason [41] nicht konstruktiv hergeleitet worden. Stetigkeitsabschätzungen in Sobolev – Räumen hat zuerst Natterer [81] im $I\!R^2$ bewiesen. Ergebnisse auch für die Röntgen – Transformation in beliebigen Dimensionen sind angegeben in Louis – Natterer [70].

Die Nichteindeutigkeit der Radon – Transformation bei endlich vielen Richtungen wurde von Smith – Solmon – Wagner [106] erkannt und überbewertet. Die explizite Darstellung der Funktionen im Nullraum stammt von Louis [63], siehe auch Louis [64], wo die Frequenzverteilung der Geister studiert ist.

Zur Diskussion der Abtastgeometrie siehe Natterer [84] und für die grundlegenden Ergebnisse zum Abtasttheorem siehe Butzer – Splettstößer – Stens [11]. Die Herleitung der Inversionsformel ist Natterer [84] entnommen. Die Diskussion der Fehlers bei der diskreten Rückprojektion ist von Lewitt [60].

Literatur

[1] Abramowitz, M., Stegun, I. (eds.), Handbook of mathematical functions, Dover, New York, 1965.
[2] Al'ber, J.I., Ryazantseva, I.P., The residual principle in non-linear problems with discontinuous monotone mappings is a regularizing algorithm. Soviet Math. Dokl., 1978, 437-440.
[3] Alifanov, O.M., Rumjancev, S.V., On the stability of iterative methods for the solution of linear ill-posed Problems. Soviet Math. Dokl. 1979, 1133-1136.
[4] Bakushinskii, A.B., Iterative regularizing algorithms for non-linear problems, USSR, Comp. Maths. Math. Phys. 1987, 196-199.
[5] Baumeister, J., Stable solution of inverse problems. Vieweg, Braunschweig 1987.
[6] Ben – Israel, A., Greville, T.N.E., Generalized inverses : theory and applications, Wiley, New York, 1973.
[7] Bertero, M., de Mol, C., Pike, E.R., Linear inverse problems with discrete data I, General formulation and singular system analysis, Inverse problems I, 1985, 301-330.
[8] Bertero, M., de Mol, C., Pike, E.R., Linear inverse problems with discrete data II, Stability and regularisation, Inverse Problems 4, 1988, 573-594.
[9] Bertero, M., de Mol, C., Viano, G.A., The stability of inverse problems, in Baltes (ed.), Inverse scattering in optics, Springer, New York 1980, 161-214.
[10] Brakhage, H., On ill-posed problems and the method of conjugate gradients, in H.W. Engl and C.W. Groetsch (eds.): Inverse and Ill-Posed problems, Academic Press, Boston 1986, 165-175.
[11] Butzer, P.L., Splettstößer, W., Stens, R.L., The sampling theorem and linear prediction in signal analysis, Jber. d. Dt. Math.-Verein. 90, 1988, 1-70.
[12] Cannon, J.R., Hornung, U. (eds.), Inverse problems. Birkhäuser, Basel, 1986.
[13] Carey, G.F., Krishnan, R., Penalty approximation, iteration, and continuation for Navier – Stokes problems, in R.H. Gallagher, G.F. Carey, J.T. Oden, O.C. Zienkiewicz(eds.): Finite elements in fluids, Vol. 6, John Wiley, New York, 1985, 189-197.
[14] Chadan, K., Sabatier, P.C., Inverse problems in quantum scattering, 2nd ed., Springer, Berlin, 1989.
[15] Colton, D., Kreß , R., Integral equation methods in scattering theory, Wiley, New York, 1983.
[16] Cormack, A.M., Representation of a function by its line integrals, with some radiological applications, J. Appl. Phys. 34, 1963, 2722-2727.
[17] Deuflhard, P., Hairer, E.(eds.), Numerical treatment of inverse problems in differential and integral equations, Birkhäuser, Boston, 1983.
[18] Devaney, A.J., Reconstructive tomography with diffracting wavefields, Inverse Problems 2, 1986, 161-183.

[19] Dieudonné, J., Special functions and linear representation of Lie groups, AMS Series in Mathematics 42, Providence RI, 1980.

[20] Eicke, B., Louis, A.K., Plato, R., The stability of some gradient methods for ill-posed problems, to appear.

[21] Engl, H.W., Necessary and sufficient conditions for convergence of regularization methods for solving linear operator equations of the first kind, Numer. Funct. Anal. and Optimiz, 1981, 201-222.

[22] Engl, H.W., Gfrerer, H., A posteriori parameter choice for general regularization methods for solving linear ill-posed problems, Appl. Numer. Math. 4, 1988, 395-417.

[23] Engl, H.W., Groetsch, C.W.(eds.), Inverse and ill-posed problems, Academic Press, New York, 1986.

[24] Engl, H.W., Groetsch, C.W., A higher order approximation technique for restricted linear least-squares problems, Bull. Austral. Math. Soc. 37, 1988, 121-130.

[25] Fawcett, J.A., Inversion of N – dimensional spherical averages, SIAM J Appl. Math. 45, 1985, 336-341.

[26] Fortuna, Z., Superlinear convergence of conjugate gradient method in Hilbert space, Abhandlungen der Akad. Wiss. d. DDR Nr. 1N, 1977, 313-318.

[27] Fortuna, Z., Some convergence properties of the conjugate gradient method in Hilbert space, SIAM J. Numer. Anal. 16 No. 3, 1979, 380-384.

[28] Gelfand, I.M., Graev, M.I., Vilenkin, N.Y., Generalized functions, Vol. 5: integral geometry and representation theory, Academic Press, New York, 1965.

[29] Gfrerer, H., On a posteriori parameter choice for ordinary and iterated Tikhonov regularization of ill-posed problems leading to optimal convergence rates, Math. Comp. 49, 1987, 507-622.

[30] Gilyazov, S.F., Iterative solution methods for inconsistent linear equations with nonself - adjoint operators, Moscow Univ. Comput. Math.& Cybern. 1, 1977, 8-13.

[31] Golub, G.H., Reinsch, C., Singular value decomposition and least squares solutions, Numer. Math. 14, 1970, 403-420.

[32] Golub, G.H, Van Loan, C.F., Matrix computations, The John Hopkins Univ. Press, Baltimore, 1983.

[33] Gorenflo, N., Inversion formulae for first - order approximations in fixed energy scattering by compactly supported potentials, Inverse Problems 4, 1988, 1025-1035.

[34] Gorenflo, R., Approximation of discrete probability distribution in spherical stereology, in : J.R. Cannon, U. Hornung (eds.) Inverse problems, Birkhäuser, Basel, 1986, 103-115.

[35] Gradshteyn, I.S., Ryzhik, I.M., Tables of integrals, series and products, 4th ed., Academic Press, New York, 1980.

[36] Groetsch, C.W., Generalized inverses of linear operators, Dekker, New York, 1977.

[37] Groetsch, C.W., On the asymptotic order of accuracy of Tikhonov regularization, J. Optimiz. Theory Appl. 41 No. 2, 1983, 293-298.

[38] Groetsch, C.W., The theory of Tikhonov regularization for Fredholm equations of the first kind, Pitman, Boston, 1984.

[39] Hadamard, J., Lectures on the Cauchy problem in linear partial differential equations, Yale University Press, New Haven, 1923.

[40] Hämmerlin, G., Hoffmann, K.-H.(eds.), Improperly posed problems and their numerical treatment, Birkhäuser, Basel, 1983.

[41] Helgason, S., The Radon transform, Birkhäuser, Boston, 1980.

[42] Herman, G.T., Image reconstruction from projections : the fundamentals of computerized tomography, Academic Press, New Yrok, 1980.

[43] Herman, G.T., Natterer, F.(eds.), Mathematical aspects of computerized tomography, Springer LNMI 8, Berlin, 1981.

[44] Hestenes, M.R., Conjugate direction methods in optimization, Springer, New York, 1980.

[45] Hestenes, M.R., Stiefel, E., Method of conjugate gradients for solving linear systems, J. Res. Nat. Bur. Standards, Sec. B 49, 1952, 409-432.

[46] Heuser, H., Funktionalanalysis, Teubner, Stuttgart, 1975.

[47] Hochstadt, H., The functions of mathematical physics, Wiley, New York, 1971.

[48] Hofmann, B., Regularization for applied inverse and ill-posed problems, Teubner, Leipzig, 1986.

[49] Hounsfield, G.N., Constructive transverse axial scanning tomography : Part I, description of the system, Br. J. Radiol. 46, 1973, 1016-1022.

[50] John, F., Plane waves and spherical means applied to partial differential equations, Interscience, New York, 1955.

[51] Kammerer, W.J., Nashed, M.Z., On the convergence of the conjugate gradient method for singular linear operator equations, SIAM J. Numer. Anal. 9, 1972, 165-181.

[52] King, J.T., Chillingworth, D., Approximation of generalized inverses by iterated regularization, Numer. Funct. Anal. and Optimiz. 2, 1979, 449-513.

[53] King, J.T., Neubauer, A., A variant of finite-dimensional Tikhonov regularization wit a-posteriori parameter choice, Computing 40, 1988, 91-109.

[54] Kirsch, A., Schomburg, B., Behrendt, G., The Backus-Gilbert method, Inverse Problems 4, 1988, 771-783.

[55] Klaus, M., Smith, R.T., A Hilbert space approach to maximum entropy reconstruction, Math. Meth. Appl. Sci. 10, 1988, 397-406.

[56] Kuhnert, F., Pseudoinverse Matrizen und die Methode der Regularisierung, Teubner, Leipzig, 1976.

[57] Kuo, H.H., Gaussian measures in Bananch spaces, Springer LNM 463, Berlin, 1975.

[58] Landweber, L., An iteration formula for Fredholm integral equations of the first kind, Amer. J. Math. 73, 191, 6155-624.

[59] Lavrientiev, M.M., Some improperly posed problems in mathematical physics, Springer, Berlin, 1967.

[60] Lewitt, R.M., Reconstruction algorithms : transform methods, Proc. IEEE 71, 1983, 390-408.

[61] Lions, J.L., Quelques méthodes de résolution des problèmes aux limites non linéaires, Dunod, Paris, 1969.

[62] Locker, J., Prenter, P.M., Regularization with differential operators I, General theory, J. Math. Anal. Appl. 74, 1980, 5504-5529.

[63] Louis, A.K., Orthogonal function series expansion and the null space of the Radon transform, SIAM J. Math. Anal. 15, 1981, 621-633.

[64] Louis, A.K., Nonuniqueness in inverse Radeon problems : the frequency distribution of the ghosts, Math. Z. 185, 1984, 429-440.

[65] Louis, A.K., Tikhonov - Phillips regularization of the Radon transform, in : Hämmerlin, G., Hoffmann, K.-H. (eds.), Constructive methods for the practical treatment of integral equations, Birkhäuser, Basel, 1985, 211-223.

[66] Louis, A.K., Incomplete data problems in x-ray computerized tomography, I: singular value decomposition of the limited angle transform, Numer. Math. 48, 1986, 251-262.

[67] Louis, A.K., Convergence of the conjugate gradient method for compact operators, in H.W. Engl, C.W. Groetsch (eds.), Inverse and Ill-Posed Problems, Academic Press, Boston, 1986, 177-183.

[68] Louis, A.K., Inverse problems in medicine, in : Boffi, V., Neunzert, H., Mathematics in industry, Teubner, Stuttgart, 1989.

[69] Louis, A.K., The eikonal approximation in ultrasound computer tomography, in Friedman, A. et al (eds). Proceedings of the IMA Conference on Signal Processing, Springer, Berlin, 1989.

[70] Louis, A.K., Natterer, F., Mathematical problems in computerized tomography, Proceedings IEEE 71, 1983, 379-389.

[71] Louis, A.K., Rieder, A., Incomplete data problems in x – ray computerized tomography, II : truncated projections and region – of – interest tomography, Numer. Math., to appear.

[72] Luenberger, D.G., Introduction to linear and nonlinear programming, Addison - Wesley, Reading 1973.

[73] Maaß, P., The x-ray transform : singular value decomposition and resolution, Inverse Problems 3, 1987, 729-741.

[74] Marr, R.B., On the reconstruction of a function on a circular domain from a sampling of its line integrals, J. Math. Anal. Appl. 45, 1974, 357-374.

[75] Melkmann, A.A., Micchelli, C.A., Optimal estimation of linear operators in Hilbert spaces from inaccurate data, SIAM J. Numer. Anal. 16, 1979, 87-105.

[76] Micchelli, C.A., Rivlin, T.J., A survey of optimal recovery, in C.A. Micchelli and T.J. Rivlin (eds.), Optimal estimation in approximation theory, Plenum Press, New York, 1977.

[77] Miller, K., Least squares methods for ill-posed problems with a prescribed bound, SIAM J. Math. Anal. 1, 1970, 52-74.

[78] Morozov, V.A., Methods for solving incorrectly posed problems, Springer, New York 1984.
[79] Myrick, D.R., A generalization of the radial polynomials of F. Zernike, J. SIAM Appl. Math. 14, 1966, 476-489.
[80] Natterer, F., Regularisierung schlecht gestellter Probleme durch Projektionsverfahren, Numer. Math. 28, 1977, 329-341.
[81] Natterer, F., A Sobolev space analysis of picture reconstruction, SIAM J. Appl. Math. 39, 1980, 402-411.
[82] Natterer, F., On the order of regularization methods, in G. Hämmerlin and K.H. Hoffmann (eds.), Improperly posed problems, ISN M 63, Birkhäuser, Basel, 1983.
[83] Natterer, F., Error bound for Tikhonov regularization in Hilbert scales, Applic. Anal. 18, 1984, 29-37.
[84] Natterer, F., The mathematics of computerized tomography, Wiley and Teubner, Stuttgart, 1986.
[85] Nemirov'skii, A.S., The regularizing properties of the adjoint gradient method in ill-posed problems, USSR, Comp. Maths. Math. Phys. 26, No. 2, 1986, 7-16.
[86] Neubauer, A., Finite-dimensional approximations of constrained Tikhonov-regularized solutions of ill-posed linear operator equations, Mathematics of Computation 48, 1987, 565-583.
[87] Neubauer, A., An a posteriori parameter choice for Tikhonov regularization in hilbert scales leading to optimal convergence rates, SIAM J. Numer. Anal. 25, 1988, 1313-1326.
[88] Newton, R.G., Scattering theory of waves and particals, 2nd ed., Springer, Berlin, 1986.
[89] Nikiforov, A.F., Uvarov, V.B., Special functions of mathematical physics, Birkhäuser, Boston, 1988.
[90] Papoulis, A., Probability, random variables, and stochastic processes, McGraw Hill, New York, 1984.
[91] Priestley, M.B., Spectral analysis and time series, Academic Press, London, 1981.
[92] Phillips, D.L., A technique for the numerical solution of certain integral equations of the first kind, J. ACM 9, 1962, 84-97.
[93] Plato, R., Discretization and regularization of ill-posed problems, to appear.
[94] Pucci, C., Sui problemi di Cauchy non " ben posti ", Atti Acc. Naz. Lincei 18, 1955, 473-477.
[95] Quinto, E.T., Singular value decomposition and inversion methods for the exterior Radon transform and a spherical transform, J. math. Anal. Appl. 95, 1985, 437-448.
[96] Radon, J., Über die Bestimmung von Funktionen durch ihre Integralwerte längs gewisser Mannigfaltigkeiten, Ber. Verh. Sächs. Akad. Wiss. Leipzig, 69, 1917, 262-277.
[97] Ramm, A.G., Scattering by obstacles, Reidel, Dorderecht, 1986.

[98] Ryazantseva, I.P., On the quasi-optimal choice of regularization parameter when solving non-linear equations with monotonic operators, USSR, Comp.. Maths. Math. Phys. 26 No. 6, 1986, 81-85.

[99] Sabatier, P.C.(ed.), Basic methods of tomography and inverse problems, Adam Hilger, Bristol, 1987.

[100] Sarv, L.E., A class of iterative methods for linear ill-posed selfadjoint problems in Hilbert space, Soviet Math. Dokl. 30 No. 2, 1984, 534-537.

[101] Schock, E., On the asymptotic order of accuray of Tikhonov regularization, Journal of optimization theory and applications, 1984, 95-104.

[102] Schock, E., Nonlinear ill-posed equations: Singular value decomposition and the Picard-criterion, J. Math. Anal. Appl. 116, 1986, 200-208.

[103] Schock, E., Semi – iterative methods for the approximate solution of ill – posed problems, Numer. Math. 50, 1987, 263-271.

[104] Schock, E., Pointwise rational approximation and iterative methods for ill-posed problems, Numer. Math. 54, 1988, 91-103.

[105] Schwarz, H.R., Numerische Mathematik, Teubner, Stuttgart, 1986.

[106] Shepp, L.A., Logan, B.F., The Fourier reconstruction of a head section, IEEE Trans. Nucl. Sci. NS 21, 1974, 21-34.

[107] Smith, K.T., Solmon, D.C., Wagner, S.L., Practical and mathematicla aspects of reconstructing a function from radiographs. Bulletin AMS 83, 1977, 1227-1270.

[108] Stoer, J., Einführung in die Numerische Maathematik I, 4. Aufl., Springer, Berlin, 1983.

[109] Stoer, J., Bulirsch, R., Einführung in die Numerische Mathematik II, 2. Aufl., Springer, Berlin, 1978.

[110] Strand, O.N., Theory and methods related to the singular function expansion and Landweber's iteration for integral equations of the first kind, SIAM J. Numer. Anal. No. 4, 1974, 798-825.

[111] Talenti, G.(ed.), Inverse Problems, Springer, Berlin, 1986.

[112] Tikhonov, A.N., On the solution of ill – posed problems and the regularization method, Dokl. Akad. Nauk SSSR 151, 1963, 501-504.

[113] Tikhonov, A.N., Arsenin, V.Y., Solutions of ill-posed problems, Wiley, New York, 1977.

[114] Trench, W.F., Proof of a conjecture of Askey on orthogonal expansions with positive coefficients, Bulletin AMS 81, 1975, 954-956.

[115] Triebel, H., Interpolation theory, function spaces, differential operators, North – Holland, Amsterdam, 1978.

[116] Vainikko, G.M., The discrepancy principle for a class of regularization methods, USSR, Comp. Maths. Math. Phys. No. 3, 1982, 1-19.

[117] Vainikko, G.M., The critical level of discrepancy in regularization methods, USSR, Comp. Maths. Math. Phys. 23 No. 6, 1983, 1-9.

[118] Vainikko, G.M., On the optimality of regularization methods, in H.W. Engl and C.W. Groetsch (eds.), Inverse and Ill-Posed Problems, Academic Press, Boston, 1986, 77-95.

[119] Vainikko, G.M., On the optimality of methods for ill-posed problems, Z. Anal. Anwend. 6 No. 4, 1987, 351-362.

[120] Vainikko, G.M., Veretennikov, A.Y., Iteration producers in ill-posed problems, Nauka, Moskau, 1986, (russisch).

[121] Vogel, A., The irregular shape of the earth's fluid core – a comparison of early results with modern computer tomography, in Vogel, A. (ed.): Model optimization in exploration geophysics, Vol. 3, Vieweg, Braunschweig, 1989.

[122] Vogel, C.R., An overview of numerical methods for nonlinear ill - posed problems, in H.W. Engl and C.W. Groetsch(eds): Inverse and Ill-Posed problems, Academic Press, Boston, 1986, 231-245.

[123] Wahba, G., Practical approximate solutions to linear operator equations when the data are noisy, SIAM J. Numer. Anal. 14, 1977, 651-667.

[124] Wahba, G., A comparison of GCV and GML for choosing the smoothing parameter in the generalized spline smoothing problem, Ann. Statist. 13, 1985, 1378-1402.

[125] Winther, R., Some superlinear convergence results for the conjugate gradient method, SIAM J. Numer. Anal. 17 No. 1, 1980, 14-17.

[126] Yosida, K., Functional analysis, 6th ed., Springer, Berlin, 1980.

[127] Zernike, F., Beugungstheorie des Schneideverfahrens und seiner verbesserten Form, der Phasenkontrastmethode, Physica 1, 1934, 689-704.

Sachverzeichnis

Abelsche Integralgleichung 17, 76
abgeschnittene Singulärwertzerlegung
— bei Operatoren 78
— bei Matrizen 153
— Ordnungsoptimalität 79
a – posteriori Parameterwahl 54, 68, 82, 101, 111, 124, 145
a – priori Parameterwahl 54
asymptotisch optimale Verfahren 58

Bandpaß – Filter 78
Bayes – Schätzung 134
Bessel – Funktion 41, 85, 184, 191
bester linearer Schätzer 131
Born – Rytov Approximation 20

Computer – Tomographie 14, 165ff

Datenfehler 11

Exponentiell schlecht gestellt 49

Fächerstrahlgeometrie 192
Faltungsgleichung 83, 101
Fehlerquadratmethode 138, 140
Filter 55, 58, 61, 78, 89, 116, 143
Finite Elemente 142
Fredholm – Alternative 146
Fourier – Transformation 38
— von Ableitungen 42, 43
— und Radon – Tranformation 167

Gedämpfte Radon – Transformation 16
Gefilterte Rückprojektion 190
Geister 184
Gesamtfehler 11
gut gestellte Probleme 8

Hankel – Transformation 42
Helmholtz – Gleichung 19

Hilbert – Transformation 169

Identifizierung 7
Inverse Probleme 7
Interpolationsungleichung 36
— für Sobolev – Normen 39
Iterationsverfahren 104

Kaczmarz – Verfahren 161
Kollokationsverfahren 139
kompakte Operatoren 22
Konjugiertes Gradienten – Verfahren 115
— a – posteriori Parameterwahl 124
— bei Matrizen 162
— Filter 116
— Konvergenzordnung 122
Konsistenzbedingungen 25
— bei der Radon – Transformation 180
Kovarianzoperator 129
Kugelflächenfunktionen 175

Landweber – Verfahren 107
— asymptotische Optimalität 111
— bei Matrizen 161
— Ordnungsoptimalität 108
Lemma von Melkmann - Micchelli 31

Mäßig schlecht gestellt 53
mathematisches Modell 8
Moore – Penrose Lösung 46

Neustart bei konjugierten Gradienten 162
Nichteindeutigkeit in der Tomographie 184
Normen 36
— Sobolev – Normen 39

Optimales Design 13
optimale Regularisierungsverfahren 58, 64
ordnungsoptimale Verfahren 58, 59

Parallele Geometrie 15
Parameter 8
Picard – Kriterium 24
Projektionssatz 167
Projektionsverfahren 135

Quasioptimale Projektionsverfahren 136

Radon – Transformation 16, 165
— Konsistenzbedingung 181, 182
— Inversionsformel 168
— Schlechtgestelltheit 180
— Singulärwertzerlegung 180
— Sobolev – Raum Abschätzung 182
RAM – LAK Filter 188
regularisierend 55
Regularisierung 10, 54, 136
Regularisierungsfehler 11
Regularisierungsfilter 55
Regularisierungsparameter 54
Ritz – Verfahren 139
robustes Projektionsverfahren 138
Röntgen – Transformation 166

Schlecht gestellter Operator 49
Schlecht gestelltes Problem 8
Schlecht gestellt von der Ordnung α 49
schlechte Kondition 149
schlimmster Fehler 50
schwach schlecht gestellt 53
Seismik 18
Shepp – Logan Filter 189
Sinc – Funktion 85, 86, 189
singuläres System 24
— bei Matrizen 147
Sobolev – Räume 39
Sobolev – Normen 39
Spektralzerlegung 23
stark schlecht gestellt 53

Tikhonov – Phillips Regularisierung 87
— bei Matrizen 157
— Optimalität 96
— Ordnungsoptimalität 92

Verallgemeinerte Inverse 10, 46, 148
— Lösung 10, 46, 148
— Darstellung mittel singulärem System 47

Weißes Rauschen 129

Zernike – Polynome 177
Zufallsvariable 129

Leitfäden der angewandten Informatik

Bauknecht/Zehnder: **Grundzüge der Datenverarbeitung**
4. Aufl. 297 Seiten. Kart. DM 38,–

Beth / Heß / Wirl: **Kryptographie**
205 Seiten. Kart. DM 26,80

Brüggemann-Klein: **Einführung in die Dokumentenverarbeitung**
200 Seiten. Kart. DM 34,–

Bunke: **Modellgesteuerte Bildanalyse**
309 Seiten. Geb. DM 48,–

Craemer: **Mathematisches Modellieren dynamischer Vorgänge**
288 Seiten. Kart. DM 38,–

Curth/Giebel: **Management der Software-Wartung**
184 Seiten. Kart. DM 34,–

Frevert: **Echtzeit-Praxis mit PEARL**
2. Aufl. 216 Seiten. Kart. DM 34,–

Frühauf/Ludewig/Sandmayr: **Software-Projektmanagement und -Qualitätssicherung.** 136 Seiten. Kart. DM 28,–

Gorny/Viereck: **Interaktive grafische Datenverarbeitung**
256 Seiten. Geb. DM 52,–

Hofmann: **Betriebssysteme: Grundkonzepte und Modellvorstellungen**
253 Seiten. Kart. DM 36,–

Holtkamp: **Angepaßte Rechnerarchitektur**
233 Seiten. DM 38,–

Hultzsch: **Prozeßdatenverarbeitung**
216 Seiten. Kart. DM 28,80

Kästner: **Architektur und Organisation digitaler Rechenanlagen**
224 Seiten. Kart. DM 28,80

Kleine Büning/Schmitgen: **PROLOG**
2. Aufl. 311 Seiten. DM 36,–

Meier: **Methoden der grafischen und geometrischen Datenverarbeitung**
224 Seiten. Kart. DM 36,–

Meyer-Wegener: **Transaktionssysteme**
242 Seiten. DM 38,–

Mresse: **Information Retrieval – Eine Einführung**
280 Seiten. Kart. DM 38,–

Müller: **Entscheidungsunterstützende Endbenutzersysteme**
253 Seiten. Kart. DM 32,–

Mußtopf / Winter: **Mikroprozessor-Systeme**
302 Seiten. Kart. DM 34,–

Nebel: **CAD-Entwurfskontrolle in der Mikroelektronik**
211 Seiten. Kart. DM 34,–

Retti et al.: **Artificial Intelligence – Eine Einführung**
2. Aufl. X, 228 Seiten. Kart. DM 36,–

Schicker: **Datenübertragung und Rechnernetze**
3. Aufl. 299 Seiten. Kart. DM 42,–

Schmidt et al.: **Digitalschaltungen mit Mikroprozessoren**
2. Aufl. 208 Seiten. Kart. DM 28,80

Leitfäden der angewandten Informatik

Fortsetzung

Schmidt et al.: **Mikroprogrammierbare Schnittstellen**
223 Seiten. Kart. DM 34,–

Schneider: **Problemorientierte Programmiersprachen**
226 Seiten. Kart. DM 28,80

Schreiner: **Systemprogrammierung in UNIX**
Teil 1: Werkzeuge. 315 Seiten. Kart. DM 52,–
Teil 2: Techniken. 408 Seiten. Kart. DM 58,–

Singer: **Programmieren in der Praxis**
2. Aufl. 176 Seiten. Kart. DM 32,–

Specht: **APL-Praxis**
192 Seiten. Kart. DM 26,80

Vetter: **Aufbau betrieblicher Informationssysteme mittels konzeptioneller Datenmodellierung**
5. Aufl. 455 Seiten. Kart. DM 54,–

Vetter: **Strategie der Anwendungssoftware-Entwicklung**
400 Seiten. Kart. DM 52,–

Weck: **Datensicherheit**
326 Seiten. Geb. DM 44,–

Wingert: **Medizinische Informatik**
272 Seiten. Kart. DM 28,80

Wißkirchen et al.: **Informationstechnik und Bürosysteme**
255 Seiten. Kart. DM 32,–

Wolf/Unkelbach: **Informationsmanagement in Chemie und Pharma**
244 Seiten. Kart. DM 36,–

Zehnder: **Informatik-Projektentwicklung**
223 Seiten. Kart. DM 36,–

Zehnder: **Informationssysteme und Datenbanken**
5. Aufl. 276 Seiten. Kart. DM 38,–

Zöbel/Hogenkamp: **Konzepte der parallelen Programmierung**
235 Seiten. Kart. DM 36,–

Preisänderungen vorbehalten

 B. G. Teubner Stuttgart

Teubner Studienbücher

Mathematik

Afflerbach: **Statistik-Praktikum mit dem PC.** DM 24,80

Ahlswede/Wegener: **Suchprobleme.** DM 34,–

Aigner: **Graphentheorie.** DM 32,–

Ansorge: **Differenzenapproximationen partieller Anfangswertaufgaben.** DM 32,– (LAMM)

Behnen/Neuhaus: **Grundkurs Stochastik.** 2. Aufl. DM 38,–

Bohl: **Finite Modelle gewöhnlicher Randwertaufgaben.** DM 34,– (LAMM)

Böhmer: **Spline-Funktionen.** DM 32,–

Bröcker: **Analysis in mehreren Variablen.** DM 36,–

Bunse/Bunse-Gerstner: **Numerische Lineare Algebra.** 314 Seiten. DM 36,–

Clegg: **Variationsrechnung.** DM 21,80

v. Collani: **Optimale Wareneingangskontrolle.** DM 29,80

Collatz: **Differentialgleichungen.** 6. Aufl. DM 34,– (LAMM)

Collatz/Krabs: **Approximationstheorie.** DM 29,80

Constantinescu: **Distributionen und ihre Anwendung in der Physik.** DM 22,80

Dinges/Rost: **Prinzipien der Stochastik.** DM 36,–

Fischer/Kaul: **Mathematik für Physiker**
Band 1: Grundkurs. DM 48,–

Fischer/Sacher: **Einführung in die Algebra.** 3. Aufl. DM 26,80

Floret: **Maß- und Integrationstheorie.** DM 38,–

Grigorieff: **Numerik gewöhnlicher Differentialgleichungen**
Band 2: DM 38,–

Hackbusch: **Theorie und Numerik elliptischer Differentialgleichungen.** DM 38,–

Hackenbroch: **Integrationstheorie.** DM 22,80

Hainzl: **Mathematik für Naturwissenschaftler.** 4. Aufl. DM 38,– (LAMM)

Hässig: **Graphentheoretische Methoden des Operations Research.** DM 26,80 (LAMM)

Hettich/Zenke: **Numerische Methoden der Approximation und semi-infiniten Optimierung.** DM 28,80

Hilbert: **Grundlagen der Geometrie.** 13. Aufl. DM 32,–

Ihringer: **Allgemeine Algebra.** DM 24,80

Jeggle: **Nichtlineare Funktionalanalysis.** DM 32,–

Kall: **Analysis für Ökonomen.** DM 28,80 (LAMM)

Kall: **Lineare Algebra für Ökonomen.** DM 26,80 (LAMM)

Kall: **Mathematische Methoden des Operations Research.** DM 26,80 (LAMM)

Kohlas: **Stochastische Methoden des Operations Research.** DM 26,80 (LAMM)

Kohlas: **Zuverlässigkeit und Verfügbarkeit.** DM 38,– (LAMM)

Kosmol: **Methoden zur numerischen Behandlung nichtlinearer Gleichungen und Optimierungsaufgaben.** DM 29,80

Fortsetzung auf der 3. Umschlagseite

Teubner Studienbücher Fortsetzung

Mathematik Fortsetzung

Krabs: **Optimierung und Approximation.** DM 28,80

Lehn/Wegmann: **Einführung in die Statistik.** DM 24,80

Lehn/Wegmann/Rettig: **Aufgabensammlung zur Einführung in die Statistik.** DM 26,80

Louis: **Inverse und schlecht gestellte Probleme.** DM 26,80

Metzler: **Dynamische Systeme in der Ökologie.** DM 26,80

Müller: **Darstellungstheorie von endlichen Gruppen.** DM 26,80

Rauhut/Schmitz/Zachow: **Spieltheorie.** DM 38,– (LAMM)

Schwarz: **FORTRAN-Programme zur Methode der finiten Elemente.** 2. Aufl. DM 25,80

Schwarz: **Methode der finiten Elemente.** 2. Aufl. DM 39,– (LAMM)

Stiefel: **Einführung in die numerische Mathematik.** 5. Aufl. DM 36,– (LAMM)

Stiefel/Fässler: **Gruppentheoretische Methoden und ihre Anwendung.** DM 34,– (LAMM)

Stummel/Hainer: **Praktische Mathematik.** 2. Aufl. DM 38,–

Topsøe: **Informationstheorie.** DM 18,80

Uhlmann: **Statistische Qualitätskontrolle.** 2. Aufl. DM 39,– (LAMM)

Velte: **Direkte Methoden der Variationsrechnung.** DM 26,80 (LAMM)

Vogt: **Grundkurs Mathematik für Biologen.** DM 23,80

Walter: **Biomathematik für Mediziner.** 3. Aufl. DM 26,80

Witting: **Mathematische Statistik.** 3. Aufl. DM 28,80 (LAMM)

Wolfsdorf: **Versicherungsmathematik.**
Teil 1: Personenversicherung. DM 42,–
Teil 2: Theoretische Grundlagen, Risikotheorie, Sachversicherung. DM 38,–

Preisänderungen vorbehalten

 B. G. Teubner Stuttgart

MIX
Papier aus verantwortungsvollen Quellen
Paper from responsible sources
FSC® C105338

If you have any concerns about our products,
you can contact us on
ProductSafety@springernature.com

In case Publisher is established outside the EU,
the EU authorized representative is:
**Springer Nature Customer Service Center GmbH
Europaplatz 3, 69115 Heidelberg, Germany**

Printed by Libri Plureos GmbH
in Hamburg, Germany